實戰

創客體驗 X 運算思維
X 物聯網實作

Web:Bit V2

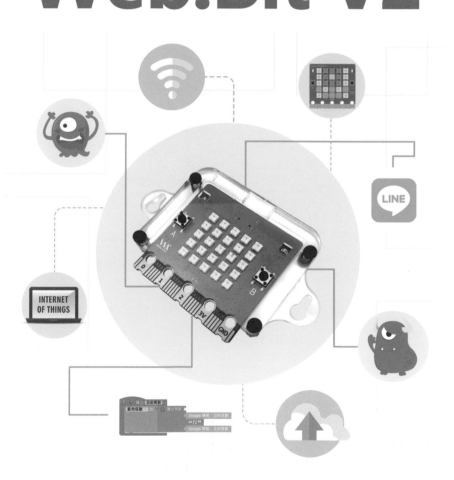

序

這幾年因 Scratch 等視覺化積木式程式語言的盛行，把程式設計的門檻降低，讓國中小學生不再將程式設計視為洪水猛獸。利用程式設計來培養學生運算思維、邏輯思考、解決問題的能力，逐漸受到各國的重視，也導致近來程式教育、創客教育越來越夯的原因。

筆者從十年前開始接觸 Scratch，並致力於 Scratch 的推廣，後來為增加學生的視野，及自己的興趣使然，開始接觸到硬體如 Arduino、micro:bit 的程式寫作，並在網路上分享一些測試文章。

並因高雄市教育局推廣 Web:Bit 開發板在運算思維及程式設計上的應用，因而接觸到 Web:Bit 開發板及教育版編輯器，Web:Bit 除了有類似 micro:bit 的屏幕、按鍵及各式感測器外，還有類似 Scratch 的怪獸舞台，以及本身採用能直接上網的 ESP32 晶片，集合眾多功能於一身，除了功能提升外，也大幅降低了使用門檻，並增加各種互動機制，讓學習過程充滿樂趣，非常適合國中小學生利用它來學習程式設計及運算思維。

本書共有九章，分別為第一章 Web:Bit 簡介、第二章 Web:Bit 開發板及教育版編輯器的基本使用、第三章認識 Web:Bit 開發板內建的元件及感應器、第四章玩轉 LED 燈、第五章怪獸舞台登場了、第六章與怪獸共舞數理解題篇、第七章與怪獸共舞遊戲篇、第八章網路應用、第九章 Web:Bit I/O 引腳，內容幾乎涵蓋了 Web:Bit 各方面的應用。各章節間彼此有關聯性，又可獨立操作，對於初學者而言是 一本很好的參考書。除此外，本書也提供了很多運算思維概念，以及任務型與專案型的範例，方便老師在教學上的使用。

這次要感謝慶奇科技提供設備及技術上的支援，本書才得以完成。

黃文玉

目錄

01 Web:Bit 簡介

02 Web:Bit 開發板及教育版編輯器的基本使用

03 認識 Web:Bit 開發板內建的元件及感應器

04　玩轉 LED 燈

05 怪獸舞台登場了

06 與怪獸共舞數理解題篇

07 與怪獸共舞遊戲篇

08 網路應用

09　Web:Bit I/O 引腳

   下 載 說 明

本書範例檔與練習題解答請至以下碁峰網站下載：

http://books.gotop.com.tw/download/ACH024500

本書提供的範例檔案僅供學習之用，嚴禁轉作其他用途。尤其不論個人使用或以營利為目的，皆禁止二次發布。此外，部分資料因著作權的關係沒有提供下載。

01 Web:Bit 簡介

因應落實運算思維與資訊科技教育，Webduino 公司於 2019 年推出了 Web:Bit 教育版，Web:Bit 教育版是基於 Webduino Bit 所延伸的教學版本，主要分成「編輯器」和「開發板」兩個部分，藉由軟硬體的整合，可以學習程式設計、數學邏輯和網路知識，也能充分感受物聯網的趣味和便利，並從中獲得創造性思考、程式設計與分工合作的體驗。

1.1 認識 Web:Bit V2 開發板

Web:Bit 開發板經過幾年的淬煉，已從 V1 版本發展到 V2 版本，V2 版本除了原本的功能一應俱全（Wi-Fi 操控、多裝置串連、協同作業…等），更內建許多新的元件和傳感器、搭配內建 2.4G Wi-Fi 功能，是目前市面上最高效能、最穩定以及最通用的產品之一。但 V2 版本因成本的控管，把 V1 版本的九軸感測器 MPU-9250 捨棄了不用是筆者覺得最可惜的地方。

Web:Bit V2 開發板長 5 公分、寬 5 公分，重量約 10~12 公克，採用 ESP32-S2 作為主控制器，ESP32-S2 是整合了 2.4G Wi-Fi 和藍牙的低功耗的單晶片微控制器，搭載 Xtensa® 32 位元 LX7 單核處理器，工作頻率高達 240 MHz，內置 320 KB SRAM，128 KB ROM 等記憶體。開發板上除 ESP32 外，還內建許多元件和感應器，包括一個 25 顆全彩 LED 燈的矩陣，兩個光敏電阻（光敏感應器）、兩個按鈕開關、一個溫度感應電阻（溫度感應器）和一個蜂鳴器，最下方還有一個完全與 micro:bit 相容的 20 Pin 的「金手指介面」（或稱「金手指接腳」），整個構造如下圖所示（圖取自官網）。

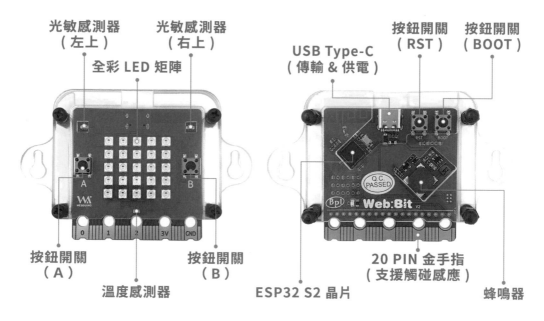

光敏感測器　光敏感測器　　　　　　　　　　　按鈕開關　按鈕開關
（左上）　　（右上）　　　　USB Type-C　　（RST）　（BOOT）
　　全彩 LED 矩陣　　　（傳輸 & 供電）

按鈕開關　　　　　　　按鈕開關　　　　　　　20 PIN 金手指
（A）　　　　　　　　（B）　　　　　　　　（支援觸碰感應）
　　　　溫度感測器　　　　　ESP32 S2 晶片　　　　　　蜂鳴器

另外，背面上方還有 USB 序列埠（Type-C 接口，提供裝置用電及傳輸資料用）、重置鍵（RESET，按此鍵時會重新啟動本裝置）及 BOOT 鍵（更新韌體時用）。

下面為內建元件和感應器所使用的腳位，認識這些使用腳位可做更深入的應用，GPIO（英語：General-purpose input/output），通用型之輸入輸出的簡稱。

- 全彩 LED 矩陣：（GPIO 18）
- 光敏感應器：左上（GPIO 12）、右上（GPIO 13）
- 溫度感應器：（GPIO 14）
- 蜂鳴器：（GPIO 17）

下表為 Web:Bit V2 開發板的腳位列表（腳位表取自官網，此介面與 micro:bit 完全相容）。

Pin Name	GPIO	Default Output	Digital Input	Analog Input	Touch	ADC	DAC	PWM	Function
P3	3	Low	High	A14(X)	V	1-2		V	
P0	17	Low	High	A18(X)		2-6	DAC1	V	Buzzer
P4	4	Low		A13(X)	V	1-3			
P5	5	Low		A7	V	1-4			
P6	6	Low	High	A15(X)	V	1-5		V	
P7	7	Low	High	A16(X)	V	1-6			
P1	1	Low	High	A4	V	1-0		V	
P8	8	Low	High		V	1-7		V	
P9	9	Low	High		V	1-8			
P10	10	Low	High	A19(X)	V	1-9			
P11	11	Low		A17(X)	V	2-0			
P12	21	Low		A12(X)					
P2	2	Low	High	A5▲	V	1-1		V	
P13	36	Low	High						SPI_SCK
P14	37	Low	High						SPI_MISO
P15	35	Low	High						SPI_MOSI
P16	34	Low	High						SPI_SS
3V3									3V3
3V3									3V3
3V3									3V3
P19	16	High				2-5			I2C_SCL
P20	15	High				2-4			I2C_SDA
GND									GND
GND									GND
GND									GND
No Pin	14	Low		A6		2-3			熱敏電阻
No Pin	12	Low		A0		2-1			左上光敏電阻
No Pin	13	Low		A3		2-2			右上光敏電阻
No Pin	18	Low				2-7	DAC2		LED 5x5
No Pin	38	Low							Button A
No Pin	33	Low							Button B
No Pin	43								TXD
No Pin	44								RXD

1.2 認識 Web:Bit 教育版編輯器

在介紹編輯器之前,先了解 Web:Bit 開發板並不是只有本文介紹的教育版編輯器可用,由於 Web:Bit 開發板上的 ESP32 晶片,讓它也支援 Arduino、MicroPython 及 Scratch 等程式語言的編輯器。另外官方還有一款功能更多、更複雜的 Webduino blockly 圖形化編程平台可用,平台畫面如下所示。

由於 Web:Bit 教育版是基於 Webduino Bit 所延伸的教學版本,因此 Web:Bit 教育版編輯器同樣基於 Webduino Blockly 視覺化積木堆疊的操作方式,但大幅簡化了操作的步驟流程,還加入即使沒有開發板也可使用的模擬器,及最有趣好玩的小怪獸互動舞台,很適合國中小學生學習,因此本書全部採用教育版編輯器來教學,所以接下來所稱的「編輯器」指的都是「教育版編輯器」。

Web:Bit 教育版編輯器分成「網頁版」和「安裝版」兩種,兩個版本介面與功能幾乎完全相同,可以依據不同的需求採用不同的版本。

一 網頁版

網頁版不需要安裝任何軟體，只要電腦有網路，透過瀏覽器打開指定網頁就能運作，不論是 Windows 或 Mac 都能運作，適合快速體驗的使用者。網頁版建議使用 Google Chrome 瀏覽器，否則可能一些功能會有問題。而之前網頁版無法透過 USB 控制開發板的問題已解決，目前已可透過 USB 來控制開發板囉！

網頁版網址：https://webbit.webduino.io，在瀏覽器的網址列輸入此網址即可進入，如下：（可先使用「免註冊體驗」來登入，如果有註冊帳號則可使用「影像訓練平台」，目前暫時不用，所以先採用「免註冊體驗」即可）。

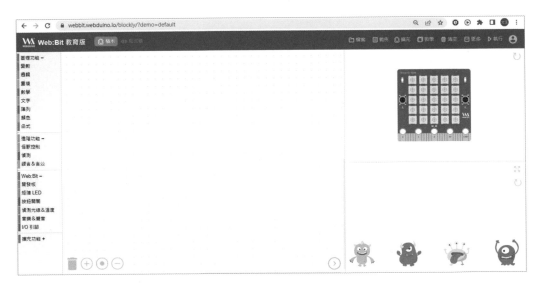

二 安裝版

安裝版目前只提供 Windows 版本,介面和操作方式和網頁版完全相同,差別在於安裝版需要下載 Web:Bit 的執行檔進行安裝。

1 安裝版軟體下載

① 直接從下面的網址下載:

https://ota.webduino.io/WebBitInstaller/WebBitSetup.exe。

② 從網頁版提供的下載點下載:

點選網頁版右上角的「更多」/「下載安裝」,即可下載安裝版軟體。這選項只有網頁版有,安裝版的「更多」選項中沒有「下載安裝」的項目。

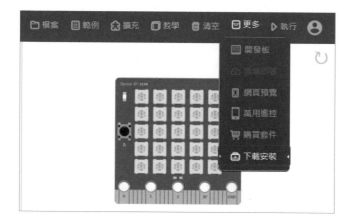

2 安裝版軟體安裝

① 執行下載的 WebBitSetup.exe 即可開始安裝。

② 選擇語言,目前有三種語言可選(英語、簡體中文、繁體中文)。

③ 點選「安裝」。

④ 正在安裝。

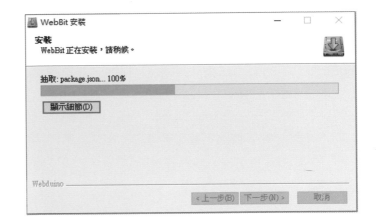

⑤ 完成安裝。

⑥ 安裝完成後，會在桌面上產生了一個 WebBit 圖示。

③ 認識 Web:Bit V2 開發板的驅動程式

在上面安裝過程中，除了安裝「安裝版軟體」外，同時也安裝了 Web:Bit 開發板的「驅動程式」，這驅動程式就是讓電腦認識 Web:Bit 開發板！這時利用 USB 線將 Web:Bit 開發板與電腦任一個 USB 孔連接在一起時，進入電腦的「裝置管理員」，在連接埠（COM 和 LPT）項內會看到「USB 序列裝置（COM X）」（如右圖），這個裝置就是 Web:Bit 開發板，COM 後面的數字會隨著接不同 USB 孔而有不同。若把開發板拔除，USB 序列裝置（COM X）這項就會消失。

三 安裝版軟體更新

當開啟 Web:Bit 教育版編輯器時，軟體會自動偵測有沒有更新版，如果發現有更新的版本時軟體會自動進行更新。但如果遇到軟體有重大更新時，如無法從線上自動更新，這時螢幕會顯示請下載新版軟體來重新安裝。

四 操作介面說明

下圖為 Web:Bit 教育版編輯器的操作介面，分成下列幾個區塊：（圖取自官網）。

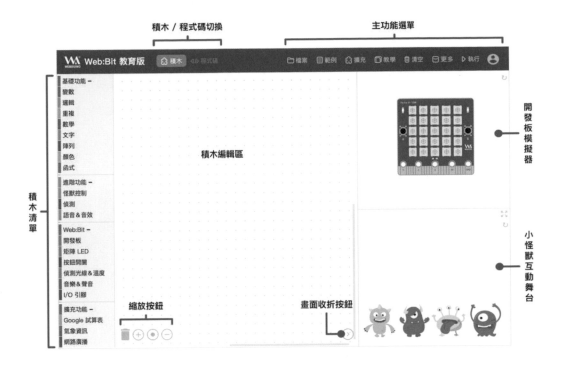

- **主功能選單**：包含檔案儲存與開啟、範例和教學、刪除所有積木、更多功能、執行按鈕和帳號。

- **積木 / 程式碼切換**：將寫好的程式轉換為標準 Javascript，讓學習程式更簡單。

- **積木清單**：包含基本功能、小怪獸互動、開發板操控和物聯網擴充…等積木。

- **積木編輯區**：進行積木的邏輯組合，產生各種不同的情境應用。

- **開發板模擬器**：包含一塊虛擬的 Web:Bit 開發板，可以模擬實際開發板的狀況和應用。

- **小怪獸互動舞台**：包含四種不同造型顏色的小怪獸，可以透過積木設定相關動作和互動情境。

- **縮放按鈕**：夠快速縮放畫面積木或刪除積木。

補 充 說 明

安裝版不含「帳號」及「分享」的功能。

- **畫面收折按鈕**：快速收折開發板模擬器和小怪獸互動區，讓積木編輯區域放大或縮小。

五 安裝版工具列

Web:Bit 編輯器的安裝版，是特別為了沒有 Wi-Fi 的環境所打造，只要將編輯器打開，將 Web:Bit 開發板利用 USB 線連上電腦就可以進行操控、更新或相關設定。安裝版與網頁版的不同是安裝版有「工具列」，而網頁版有「開發板控制台」（後面會介紹）。此安裝版的工具列可透過 Ctrl + W 來隱藏或顯示。

安裝版的工具列裡分別有「系統」、「工具」和「資訊」三個主要功能列表，相關內容會在後面陸續說明。

1.3 Web:Bit V2 開發板韌體更新

韌體是開發商寫入到開發板內的程式，也就是開發板的靈魂所在，由於開發商一直在對開發板進行除錯、防堵漏洞及新增功能，因此會陸續去更新韌體。

一　更新韌體

1　使用安裝版來更新韌體

① 當進入「安裝版」後，最上方會出現安裝版的「版本號碼」以及「掃描 USB 裝置」的提示訊息，將 Web:Bit 開發板使用 USB 線連接電腦時，讓軟體進行掃描。當偵測到新版韌體時，會把新韌體及目前韌體的版本顯示在最上方。

② 並提示是否立即更新。

③ 如果使用 Web:Bit V2 開發板,按下「確定」後會出現操作指示畫面(如下圖), 按照指示說明,按住「BOOT」按鈕,再按一下「RST」按鈕,再將「BOOT」 按鈕放開,即可開始更新。(V1 開發板不會出現此畫面)

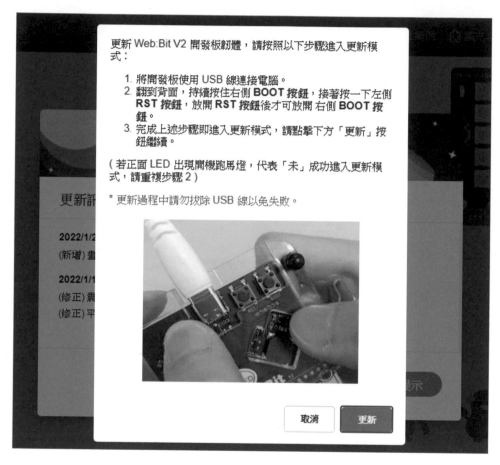

④ 確定更新後,左上角會顯示更新進度及狀況。

⑤　韌體更新成功，如果使用 Web:Bit V2 開發板，要再按一下「RST」按鈕來重
新啟動開發板。

⑥　如果一開始沒有進行更新，也可隨時點選「工具」/「更新韌體」（或按 Ctrl +
Shift + F）來進行更新。

2 使用網頁版來更新韌體

① 進入「網頁版」後，點擊右上角的「更多」/「開發板」，此時使用 USB 線連接 Web:Bit 開發板與電腦。

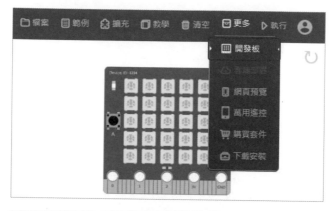

② 點擊「TinyUSB CDC（COM x）」後，再點擊「連線」。

③ 連線成功後，會出現「開發板控制台」，在此會顯示開發板的 Device ID、開發板型號（V1 或 V2 版），也可在此進行「韌體更新」及「WIFI 設定」。

④ 由上圖可發現有新版本的韌體,點擊「更新」來更新韌體。

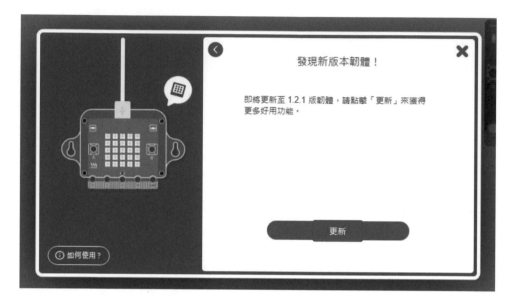

⑤ 這時如果使用 Web:Bit V2 開發板,會出現與安裝版相同的按鍵動作。

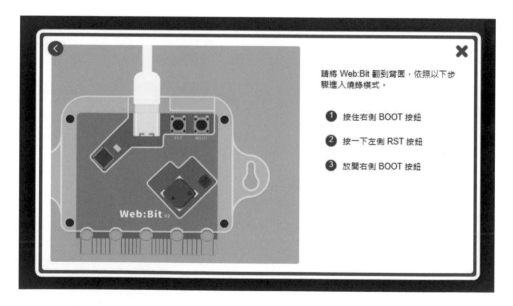

6 按鍵完後會重新啟動，要求重新連線。

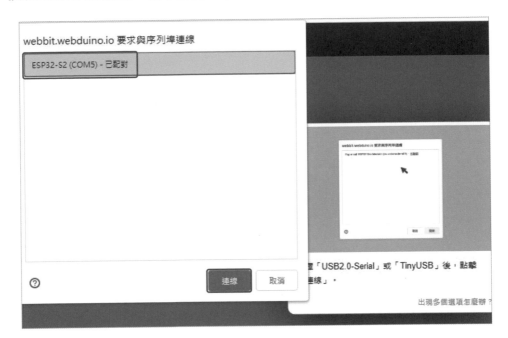

7 連線後，就會開始更新。

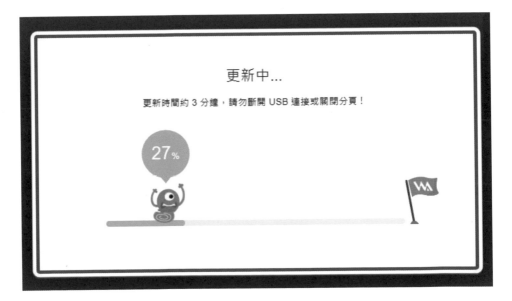

8 更新成功後，就可以使用了！

二 回復原廠韌體

回復原廠韌體只有「安裝版」有此功能，「網頁版」並無此功能！所以當進入「安裝版」，並且將 Web:Bit 開發板使用 USB 線接上電腦後，軟體會進行掃描。如果一直出現「掃描 USB 裝置」，沒有出現連線成功的訊息，表示 Web:Bit 開發板的韌體可能有問題，可能程式錯誤或板子內已寫入其他韌體，此時可以點選「工具」/「回復原廠韌體」進行韌體回復原廠。

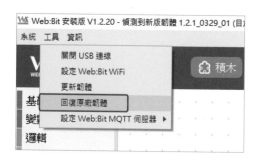

如果使用 Web:Bit V2 開發板，一樣會有先按住「BOOT」按鈕，再按一下「RST」按鈕，再將「BOOT」按鈕放開的動作，才能做更新。

完成後，韌體已更新，Device ID 會變成有 17 碼的長 ID（一般的短 ID 只有 8 碼）。另外，此原廠韌體可能不是最新的韌體，因此還會提示有新版韌體可更新，接下來就如同前面的韌體更新一樣，更新後 Device ID 又會變回 8 碼。

1.4 Web:Bit 開發板的連網設定

Web:Bit 開發板除了利用 USB 線連接到電腦外，也可以透過 Wi-Fi 連線方式進行連線，分別可利用安裝版及網頁版來進行連網設定。

一 使用安裝版來設定連網資料

先到安裝版工具列的「工具」/「設定 Web:Bit WiFi」進行連網設定。

1 設定 Web:Bit WiFi 連線

① 點選「工具」/「設定 Web:Bit WiFi」。

② 輸入開發板要對外連接的無線基地台的 SSID。

③ 輸入該 SSID 的密碼。

④ 關閉 USB 連線，一定要關閉 USB 連線才能進行 WiFi 連線。

二 使用網頁版來設定連網資料

① 開發板控制台，點擊 Wi-Fi 後方的設定。

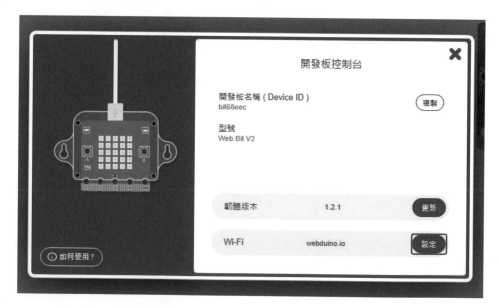

② 輸入開發板要對外連接的無線基地台的 WiFi 名稱（SSID）及密碼。

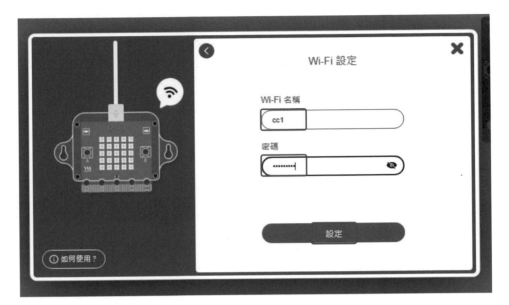

④ WiFi 資料儲存成功。

補 充 說 明

- 關閉 USB 連線功能，Web:Bit 開發板會重新啟動，最後會閃爍紅燈，當紅燈熄滅且綠燈亮起一次之後，表示開發板已經成功連結上 WiFi 基地台了。若紅燈持續閃爍或恆亮，代表沒有連上網路，請查看無線基地台有無開啟，或上面的 SSID、密碼有無輸入錯誤，請重新上面設定的步驟。

- 輸入的 SSID 及密碼資料，不會因關機而消失，針對同一台無線基地台，只要關閉 USB 連線，就會自動去連基地台採用 Wi-Fi 連線模式。

- 注意，如果關閉 USB 連線，開發板就會採用 Wi-Fi 連線模式，反之開啟 USB 連線，開發板就會關閉 Wi-Fi 連線功能。

Web:Bit 開發板及教育版編輯器的基本使用

在前一章我們已經對 Web:Bit 開發板及教育版編輯器有了基本的認識，本章接著要介紹 Web:Bit 開發板上的屏幕（全彩 LED 矩陣）及按鍵（按鈕開關）的使用，以及認識程式常用的循序（Sequence）、重複（Iteration）、選擇（Selection）等基本控制結構，進而完成一些有趣好玩的遊戲及作品。

2.1 利用 5×5 全彩 LED 矩陣設計簡易動畫

一 認識 5×5 全彩 LED 矩陣

Web:Bit 開發板最醒目、占區域最大的地方，就是正中央內嵌了 25 顆全彩 LED 燈所組成的矩陣區域，就像一個顯示器，又稱 5×5 LED 屏幕，每個 LED 都可透過紅（R）、綠（G）、藍（B）三種顏色進行混合產生各種不同顏色，透過不同位置的燈號與顏色搭配顯示，就能呈現各種圖案造型。除了顯示圖案，也可以顯示英文字、數字。首先，我們會在 LED 屏幕上顯示文字、數字、圖案，進而完成一個簡易動畫作品。

二 認識「點陣 LED」積木

「點陣 LED」積木包含顯示顏色、關燈、繪製圖案、預設圖案、指定第幾顆燈的顏色、跑馬燈和亮度等積木。

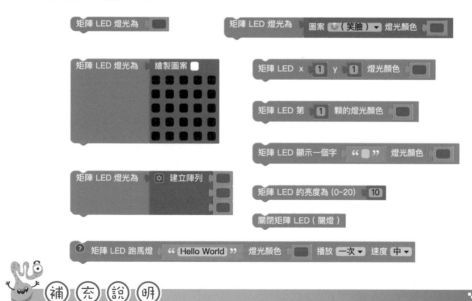

補 充 說 明

❀ 使用「點陣 LED」積木必須搭配「Web:Bit 開發板」積木，選擇模擬器，執行後會控制右側模擬器燈號，選擇 USB，執行後會透過 USB 連線方式控制實體開發板，選擇 Wi-Fi 則可透過 Wi-Fi 指定 Device ID 操控。

三 利用模擬器或開發板來顯示一個字元

這是我們所寫的第一個程式，我們要利用模擬器或開發板來顯示一個指定顏色的字元，這邊只能顯示數字、英文字或少數標點符號，不能顯示中文字或特殊符號。

1 利用「模擬器」來顯示一個字元

①先在積木編輯區完成如下的程式（程式 2-1-1）：

補 充 說 明

☻ 如果想要用開發板（或模擬器）做任何事，一定先要用如下的「控制開發板」積木當開頭，把其他程式積木寫在裡面。（下面「控制開發板」積木在積木清單的「Web:Bit 開發板」內）。

☻ Web:Bit 提供了三種控制開發板的方式，分別是「模擬器」、「USB」和「Wi-Fi」，模擬器能夠在沒有硬體的狀況下進行學習，USB 可以在沒有網路的情況下，透過 USB 連線操控，而 Wi-Fi 則可以進行無線遠端遙控，透過三種不同操控方式的互相搭配，不論各種情境都能隨心所欲的控制。

☻ 此範例所使用的「顯示一個字」積木，只能顯示一個字，若空格的文字或數字超過 2 個，也只會顯示第 1 個文字、數字或發生錯誤。

② 點選螢幕右上角的「執行」，來執行我們所寫的程式。

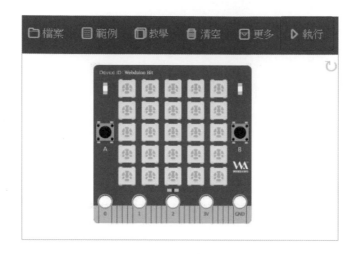

③ 這時，模擬器上的屏幕會呈現出我們所指定顏色的字來。

 補 充 說 明

❀ 這時右上角的「執行」會改成「停止」，我們可以點「停止」去停止這個程式的執行。

❀ 另外，不知你有沒有發現，模擬器執行時，右下角的 LOGO 圖示會呈現綠色？

2 利用【開發板】來顯示一個字元

① 先用 USB 線將 Web:Bit 開發板與電腦連接。

② 然後在積木編輯區完成如下程式（程式 2-1-2）：

補充說明

🔹 當 USB 連線成功時，在螢幕左上角會出現本實體開發板的裝置 ID 及韌體版本。

🔹 因為我們要從實體開發板來顯示文字，所以程式的部分要從「模擬器」改為「USB」。

🔹 燈光顏色的部分可從積木清單的「顏色」去選擇想要的顏色，「顏色」積木包含指定顏色、隨機顏色、RGB 三原色、混合顏色等四種，如下：

   ○ 「指定顏色」積木可以讓我們透過色彩選取面板，選擇對應的顏色。

   ○ 「隨機顏色」會在每次執行時，隨機從各種顏色中取出一種顏色顯示。

   ○ 「RGB 三原色」積木能夠指定網頁中三原色的數值，直接透過數值來呈現不同的顏色。三原色表示 R 紅色、G 綠色、B 藍色，三種顏色分別有 256 種（0~255）從暗到亮的變化，透過三種顏色的混合，就能產生一千六百多萬種的顏色。還有紅色 + 綠色 = 黃色，綠色 + 藍色 = 青色，紅色 + 藍色 = 紫色。

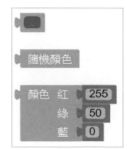

○ 「混合顏色」積木可將兩種顏色積木按照比例混合產生新的顏色,比例為 0~1 之間的數值,數字越小顏色越接近顏色 1,數字越大顏色越接近顏色 2。

③ 跟模擬器一樣按右上角的「執行」來執行程式,這時就會發現 Web:Bit 開發板的屏幕顯示隨機顏色的 8。

3 依序顯示多個不同顏色的字元

關於這個題目:依序顯示多個不同顏色的字元,請大家先想一想要如何來完成?經過上面的說明,很多人可能會完成如下程式。

但上面程式執行後,都只有看到第二列程式積木所顯示的字元(如上的 8),沒有看到這一個字元(如上的 A)。這是因為每一列程式積木在執行時所花的時間非常非常短,因此第一列程式積木執行完,馬上執行第二列程式積木,所以我們才只有看到第二列程式所呈現的字元。

這要如何解決呢?只要在第一列下方加個「等待時間」積木即可,讓第一列積木執行完可以暫停一段指定的時間,這時我們就可以把第一列積木所要顯示的字元看清楚了,程式如下(程式 2-1-3):

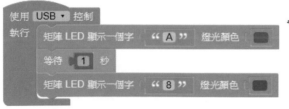

補 充 說 明

❀ 「等待」積木在積木清單的「重複」內,當程式積木裡遇到等待積木,就會等待指定的時間之後才會進行接續的動作。

補 充 說 明

積木的複製與刪除

🎨 **積木的複製**：在要複製的積木上按右鍵後，點選「複製」即可。如果該積木內含很多其他積木時，內含的積木也會一併複製過去。

🎨 **積木的刪除**：有很多方法可以把積木刪除。

　⚪ 把不要的積木拖曳到左邊的積木清單區域即可。

○ 把不要的積木拖曳到左下角的垃圾桶即可。

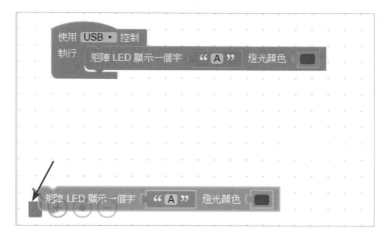

○ 在不要的積木上按右鍵,點選「刪除」即可。

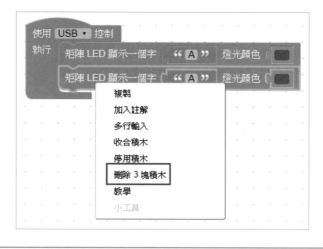

四 在屏幕上顯示一個字串

上一節介紹了如何在屏幕上顯示一個字元,但實際上我們常需要顯示的是一個字或非個位數的數字(如溫度或亮度),所以上一節顯示字元的實用性沒有顯示一個字串來得高,接下來我們來介紹如何顯示一個字串,由於屏幕一次只能顯示一個字元,因此字串的顯示會以跑馬燈的方式來呈現。

 **先在積木編輯區完成如下程式（程 2-1-4）**

（補）（充）（說）（明）

- 這是在屏幕上顯示「Hello World」（你好，世界）字串的程式。顯示文字的程式通常都是每種電腦程式語言最基本、最簡單的程式，而且顯示文字範例已不成文的都會顯示 Hello World 這兩個字了。

- 此「跑馬燈」積木播放次數可分播放一次、無限次；播放速度可分快、中、慢。

- 若選擇一次，在跑馬燈結束後才會繼續執行下方的程式，也就是說如果選擇播放無限次，程式就不會往下執行了。

2 比較下面程式的顯示結果

1 兩列程式跑馬燈都只播放一次。

顯示結果：Hello World I like WebBit.。

2 上面程式跑馬燈播放無限次，下面跑馬燈只播放一次。

顯示結果：Hello World Hello World Hello World ….（不會停止）。

五 在屏幕上顯示圖案

除了文字、數字的顯示外，我們知道每個 LED 都可透過紅（R）、綠（G）、藍（B）三種顏色進行混合產生各種不同顏色，透過不同位置的燈號與顏色搭配顯示，就能呈現各種圖案造型。但由於其大小只有 5×5 共 25 顆 LED 燈，解析度有限，無法呈現完整細膩的圖案，有時只能意會。

1 顯示笑臉圖案

先在積木編輯區完成如下程式（程式 2-1-5）。

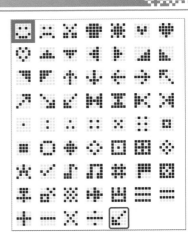

- 「預設圖案」積木提供如右的 60 種預設圖案，以及最後一個隨機圖案選項（60 種圖案隨機取出一種），如右圖紅框處。

- 以後可以根據自己的需要，從「預設圖案」中找到所需的圖案，如剪刀、石頭、布的圖案，各方向的圖案等，如此一來，可以減少畫圖時間及程式所占的空間，因為使用「繪製圖案」積木會占比較多的空間。

2 顯示自繪圖案

「繪製圖案」積木能夠自訂每顆燈不同的顏色，繪製一個 5×5 的圖案。下圖繪製一朵花（程式 2-1-6），讓花瓣為紅色，花梗和葉子為綠色，執行後，模擬器就會呈現一朵彩色的花。

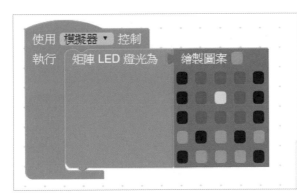

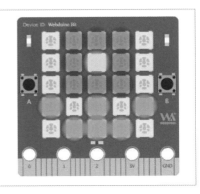

- 點選積木上方的顏色區塊就能選擇不同顏色，如果是同顏色，重複點擊就可以還原為黑色（直接使用黑色也是同樣的效果）。

六 在屏幕上顯示簡易動畫

動畫原理是利用人類眼睛的「視覺暫留」，這些快速播放的圖片會在大腦中形成動畫效果，我們也是利用讓圖案快速播放的方式來產生動畫！

1 搖晃的花朵

先在積木編輯區完成如下程式（程式 2-1-7），執行後，紅色的花兒就會左右搖晃。

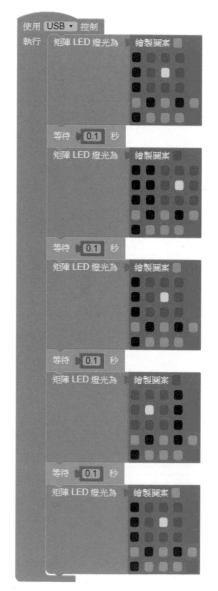

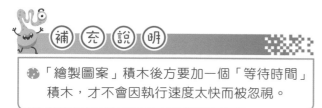

補充說明

❀「繪製圖案」積木後方要加一個「等待時間」積木，才不會因執行速度太快而被忽視。

補 充 說 明

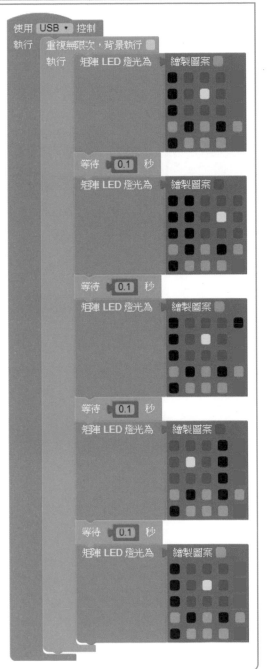

在上例中，花兒只右左搖晃一次就停了，如果我們想要花兒一直不停重複這些動作，就在這些積木外面加個「重複無限次」的積木就可以了，如右程式所示（程式 2-1-8），這就是所謂的迴圈。「重複無限次」的積木在積木清單的「重複」內。

在撰寫程式階段，必須特別留意程式的基本結構，以使程式容易閱讀，有助於程式的測試與維護。原則上，任何一個程式都可透過循序、重複、選擇三種基本控制結構表達出來。上面程式用了循序、重複兩種基本控制結構。

循序結構（Sequence）：
程式由上而下，依序一行一行執行。

重複結構（Iteration）：
或稱迴圈（Loop）。部分程式片段可重複執行多次，直到某測試條件發生為止。程式重複執行部分即構成迴圈。

選擇結構（Selection）：
或稱決策（Decision）。程式流程進入判斷後，會判斷測試條件是否成立。然後，依據判斷的結果選擇程式的流向。

2 心臟噗通噗通跳

利用同樣的原理，讓大心及小心兩個圖案交互出現，就可呈現出心臟噗通噗通跳的
動畫，程式如下（程式 2-1-9）。

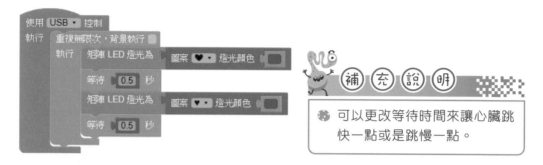

補 充 說 明

❀ 可以更改等待時間來讓心臟跳
　快一點或是跳慢一點。

七 檔案的儲存與開啟

我們辛辛苦苦所完成的作品或正做到一半的作品，當然要「儲存」下來，待下次再
「開啟」來使用。

1 檔案的儲存

① 點選右上角的主功能選單的「檔案」/「儲存」，對目前正在編輯的程式進行
　存檔。

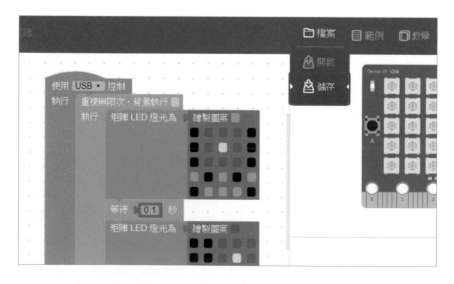

②　選擇檔案儲存的位置及檔名（預設檔名為 Webduino），按存檔即可。

　　Web:Bit 編輯器的存檔類型為 JSON 檔案格式。JSON（JavaScript Object Notation，JavaScript 物件表示法，讀作「Jason」）是一種由道格拉斯·克羅克福特構想和設計、輕量級的資料交換語言，該語言以易於讓人閱讀的文字為基礎，用來傳輸由屬性值或者序列性的值組成的資料物件。儘管 JSON 是 JavaScript 的一個子集，但 JSON 是獨立於語言的文字格式，並且採用了類似於 C 語言家族的一些習慣（以上資料取自維基百科）。

② 檔案的開啟

①　點選右上角的主功能選單的「檔案」/「開啟」，開啟一個舊檔。

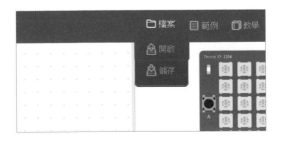

② 找到存放舊檔的位置，並將舊檔開啟。

③ 開啟時會再提醒會將原本的內容取代掉，是否確定要開啟？

八 練習題

請大家發揮創意，製作一個動畫，如遊戲動畫、歡迎動畫、爆炸動畫…。

2.2 認識按鈕開關，並製作指定出拳的剪刀石頭布遊戲

Web:Bit 開發板除了屏幕外，我們最常用的就是 A 鍵和 B 鍵兩個按鈕開關，這兩個按鈕開關就像電腦鍵盤一樣，為輸入裝置，透過這兩個按鈕開關可做很多操控的應用。

一 認識「按鈕開關」積木

按鈕開關積木可以指定「按下、放開、長按」三種開關行為，三種行為可分別套用至 A、B 或 A 和 B 同時，長按的定義為持續按下一秒，另外，使用按鈕開關積木必須搭配「開發板」積木才可使用。

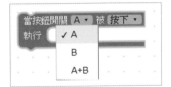

二 剪刀石頭布的遊戲

大家都玩過剪刀石頭布的遊戲，我們透過這兩個按鈕開關的三種按法（按 A 鍵、按 B 鍵、按 A+B 鍵），搭配剪刀、石頭、布三種圖案的呈現，剛好可以用來玩剪刀、石頭、布的遊戲，完成後找隔壁的同學 PK 一下，看誰是拳王？

先在積木編輯區完成如下程式（程式 2-2-1）。

補 充 說 明

- 上例直接取用「預設圖案」積木內的剪刀、石頭、布的圖案，也可以自己繪製自己喜歡的圖案。
- 也可嘗試「按下、放開、長按」三種開關行為，做出不一樣的風格來。

執行後，測試看看，是不是按 A 鍵時，屏幕就會顯示剪刀的圖案；按 B 鍵時，屏幕就會顯示石頭的圖案；按 A+B 鍵（兩鍵同時按）時，屏幕就會顯示布的圖案。

三 隨機取數

在某些情況下（特別是設計遊戲時），我們需要使用到隨機取數的功能，也就是取亂數！當我們希望同一個程式每次都有不同的值產生時，我們就要用到隨機取數。以下程式為按 A 鍵後屏幕會隨機顯示 1~5 的不同數字（程式 2-2-2）。

補 充 說 明

- 「取得範圍內隨機整數」積木在積木清單的「數學」內。
- 「隨機顏色」、「隨機圖案」也都是隨機取數的另一種呈現方式。

四 練習題

設計一個「九九乘法練習機」，按 A 鍵會隨機顯示 1 到 9 的一個數字當「被乘數」（顏色自訂）、按 B 鍵會隨機顯示 1 到 9 的一個數字當「乘數」（顏色自訂），按 A+B 鍵時，清除所有畫面。按完 A、B 鍵後，自己大聲唸出積為多少？

認識變數，並製作計數器

一 認識變數

● **所謂變數**：簡單來說就是會變的數，像我們玩遊戲的時侯，常要紀錄「得分」、還剩多少「時間」、「生命值」還有幾隻？這些數都是會變動的，所以「得分」、「時間」、「生命值」都是變數。另外，「常數」是指一個數值不變的常量，像圓周率。

● 在初等數學裡，變數是一個用來表示值的符號，也可以把變數想像成一個「盒子」，這個盒子可以放進不同的數值。

● **變數的使用**

　○ 使用前，記得先為盒子（變數）取一個合適的名字，中文名或英文名都可以，建議變數名稱不要亂取，就取這個變數所代表的涵義，如上面所說的「得分」、「時間」或「生命值」，而不要取 123、aaa、abc…這無意義的名稱。

　○ 然後給盒子（變數）一個初始值。

● 在新增的變數後方加上對應的值，值可以是文字、數字、陣列、顏色或邏輯，這個變數就等同於這個值，如果沒有賦予值，這個變數就是空變數。

二 認識「變數」積木

「變數」積木在積木清單的「變數」內，有以下三個積木。

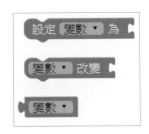

補 充 說 明

- 這邊容易弄錯的是「設定變數為」及「變數改變」。
- 「設定變數為」0，就是變數的值固定為 0。
- 「變數改變」1，就是變數每次都自己再加上 1，所以下面這兩個程式是一樣的。

三 利用 Web:Bit 開發板來做計數器

當我們跟團到遊樂場時，入口處常有一位員工拿著像碼錶的東西記錄進場人數，當一個人進去時就按一下，這一單元，我們要拿 Web:Bit 開發板來當計數器，只要有人進場就按一下 A 鍵，如果要看總共人數就按一下 B 鍵，是不是很方便啊？

1 建立變數

由於我們要紀錄進場的人數，所以我們用「人數」做變數名稱，首先，建立一個新變數，點變數積木變數右方的小三角形後，選「新變數」，就可以建立新變數。

2 計數器的製作

1 計數器的製作

我們設計的計數器功能，如下：

● 按 A 鍵時，「人數」加 1，順便顯示人數。

● 按 B 鍵時，顯示「人數」。

● 按 A+B 鍵時，「人數」歸零。

在積木編輯區完成如下程式（程式 2-3-1）：

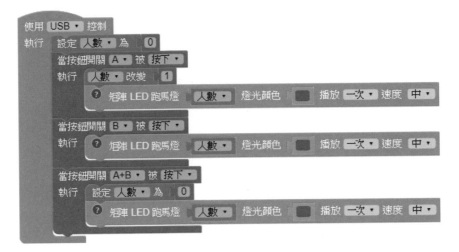

 補 充 說 明

● 「人數」一開始先設定為 0（歸零）。

● 如果按下 A 鍵的動作太快，數字來不及顯示，也不用擔心，最後按 B 鍵就會顯示正確的數字了，建議按 A 鍵就隨機呈現一個圖案，效果會更好！！

2.4 認識邏輯判斷，並製作隨機出拳的剪刀石頭布遊戲

上面説過任何一個程式都可透過循序、重複、選擇三種基本控制結構表達出來。前面已介紹過循序、重複兩種基本控制結構，接下來介紹選擇結構。

選擇結構（Selection，或稱決策（Decision））：程式流程進入判斷後，會判斷測試條件是否成立，然後依據判斷的結果選擇程式的流向，這就是「邏輯判斷」。在日常生活中都分不開「邏輯」，例如聽見鬧鐘響就該起床、看到綠燈才可以行進…等狀況，就是一些簡單的邏輯判斷。

一 認識「邏輯」積木

「邏輯」的積木分別由一個主要的積木「如果…執行…」（前方有藍色小齒輪的積木），搭配九種邏輯判斷的積木（判斷式、邏輯運算子、數字型態、空值、包含值、真假值…等）。

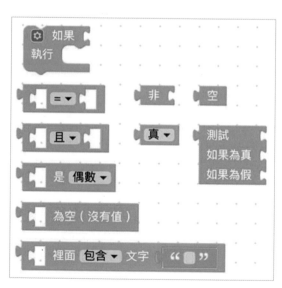

二 大家來造句

1 利用「如果…就執行…」來造句

① 生活上的例子非常多，如下：

● 如果 < 天黑了 >，那麼就 < 點亮路燈 >。(天黑的條件式：「光線亮度」小於 50)。

● 如果 < 上課太吵 >，那麼就 < 下課不能出去玩 >。(上課太吵的條件式：「分貝數」大於等於 100)。

● 如果 < 空氣污染到達紫爆 >，那麼就 < 體育課不能在戶外上了 >。(空氣污染到達紫爆的條件式：「AQI 值」大於 200)。

● 大家可以按照上面方式造出很多造句來。

● 這部分只規範符合條件下的動作，並沒有規範不符合條件下的動作。

② 認識「判斷條件式」積木。

● 判斷條件式主要會放在邏輯的「判斷條件」缺口內，提供不同情境的邏輯判斷，判斷的條件主要分為：等於 (=)、不等於 (≠)、小於 (<)、小於等於 (≦)、大於 (>)、大於等於 (≧)。

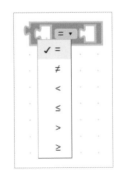

③ 我們按照上面的造句完成下面的程式。

● 天黑點燈，判斷條件式：「光線亮度」小於 50。

● 太吵不能下課，判斷條件式：「分貝數」大於等於 100。

● 空氣不好不能在戶外上體育課，判斷條件式：「AQI 值」大於 200。

2 利用「如果…（符合條件）就…、否則（不符合條件）就又…」來造句

① 生活上的例子非常多，如下：

● 如果 < 考試第一名 >，那麼就 < 星期天可以去遊樂場玩 >，否則就 < 星期天在家讀書 >。(考試第一名的條件式：「班級名次」等於 1)。

● 如果 < 室內溫度太高 >，那麼就 < 啟動冷氣開關 >，否則就 < 關閉冷氣開關 >。(室內溫度太高的條件式：「室內溫度」大於等於 28 度)。

● 大家可以按照上面方式造出很多造句來。

● 這部分不只規範符合條件下的動作，也規範不符合條件下的動作。

② 我們按照上面的造句完成下面的程式。

● 如果否則程式積木的使用，點選左上方的藍色小齒輪，可以新增「否則」的項目。

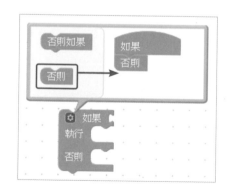

● 考好去玩，考不好在家讀書，判斷條件式：「班級名次」等於 1。

● 天氣熱開冷氣，天氣不熱關冷氣，判斷條件式：「室內溫度」大於等於 28 度。

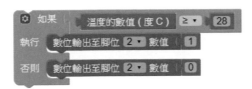

3 利用「如果（條件式一）就…、否則如果（條件式二）就又…、否則（不符合條件）就又…」來造句

① 生活上的例子非常多，如下。

● 如果 < 遇到綠燈 >（條件句一：「燈號顏色」等於綠色），那麼就 < 前進 >；如果 < 遇到紅燈（條件句二：「燈號顏色」等於紅色）>，那麼就 < 停止 >；否則就 < 快速通過或慢慢停止 >（黃燈）。

● 如果 < 星期一、四（條件句一：「今天星期幾」等於 1 或「今天星期幾」等於 4）>，那麼就 < 今天要補英文 >；如果 < 星期二、五（條件句二：「今天星期幾」等於 2 或「今天星期幾」等於 5）>，那麼就 < 今天要補數學 >；否則就 < 今天不用補習，回家休息 >。

● 大家可以按照上面方式造出很多造句來。

② 我們按照上面的造句完成下面的程式。

● 如果…如果否則…否則程式積木的使用，點選左上方的藍色小齒輪，可以新增「否則如果」及「否則」的項目，邏輯判斷條件有三種：「如果」一定是在第一層，「否則如果」位在中間，「否則」一定在最後。

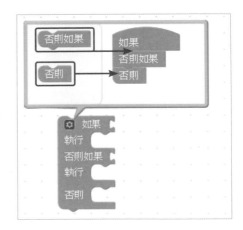

● 遇到紅綠燈的行為。

```
⚙ 如果        燈號顏色 ▼  = ▼   " 綠色 "
執行   綠色怪獸 ▼  往 右 ▼  移動  10  點
否則如果       燈號顏色 ▼  = ▼   " 紅色 "
執行   綠色怪獸 ▼  往 右 ▼  移動  0  點
否則   綠色怪獸 ▼  說   " 遇到黃燈，快速通過或慢慢停止 "
```

● 下課後要補什麼呢？

```
⚙ 如果        今天星期幾 ▼  = ▼  1   或 ▼    今天星期幾 ▼  = ▼  4
執行   綠色怪獸 ▼  說   " 今天要補英文 "
否則如果       今天星期幾 ▼  = ▼  2   或 ▼    今天星期幾 ▼  = ▼  5
執行   綠色怪獸 ▼  說   " 今天要補數學 "
否則   綠色怪獸 ▼  說   " 今天不用補習，回家休息 "
```

三 剪刀石頭布的隨機出拳遊戲

我們已經在前面做過由我們指定出拳的剪刀石頭布的猜拳遊戲，在這裡我們要繼續來玩剪刀石頭布的猜拳遊戲，但這次的出拳是採用隨機出拳，將勝負交給老天爺來決定吧！

1 先來玩一下隨機數字的顯示

```
使用 模擬器 ▼  控制
執行   當按鈕開關 A ▼  被 按下 ▼
執行   設定 出拳代碼 ▼  為   取隨機整數介於  1  到  3
矩陣 LED 顯示一個字  出拳代碼 ▼  燈光顏色  隨機顏色
```

 補 充 說 明

- 先建立一個「出拳代碼」的變數，其值為 1~3 的隨機整數，這代碼 1 代表剪刀、2 代表石頭、3 代表布，將於下一個程式中會使用到。

- 然後按 A 鍵利用屏幕將「出拳代碼」的變數顯示出來，這程式可以跟小朋友互動一下，猜下一個可能出現的數字！

2 隨機出拳程式一

在積木編輯區完成如下程式（程式 2-4-1）：

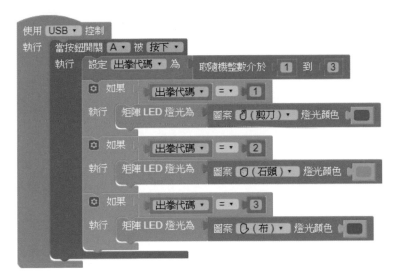

 補 充 說 明

- 比賽時，按一下 A 鍵，就可以決勝負了。

- 透過邏輯判斷，看符合哪一個條件來呈現相對圖案。

- 左右同學可以互相 PK 一下。

③ 隨機出拳程式二

在積木編輯區完成如下程式（程式 2-4-2）：

補 充 說 明

🦠 比較上面這兩個程式的差異。

○ **程式一**：每當開發板按下 A 鍵時，都要做三次判斷，判斷「出拳代碼」變數是否是 1、2、還是 3，即使第 1 個判斷就已經符合條件了，後面兩個還要花時間去判斷！

○ **程式二**：每當開發板按下 A 鍵時，從上往下判斷，判斷「出拳代碼」變數是否是 1、2、還是都不是，如果符合條件後就會跳出這整個判斷，因此會比較節省時間。

○ 兩個程式執行出來的結果一樣，最大的差別就是「程式一」執行比較耗時，「程式二」比較節省時間，雖然這些時間是我們無法分辨出來的，但這種差別就是所謂的【效能】！如果想讓自己寫程式的功力大增，就要改用【程式二】的寫作方式來進行多分法的判斷！！

四 利用時間控管的按按按遊戲

在前面「按按按」的遊戲中，當時間到了，可能還會有人多按幾下，導致紛爭不斷，既然我們已經學會了邏輯判斷，我們就增加時間控管機制，時間一到，即使按了鍵，也無法增加次數。

1 更新的按按按遊戲

作品說明：

● 按 A+B 鍵開始遊戲（開始計時）。

● 持續按 A 鍵來增加按鍵次數，30 秒時間一到，屏幕顯示 V 的圖案，代表時間到了，這時再按 A 鍵也不會增加次數。

● 按 B 鍵顯示按 A 鍵的數量。

在積木編輯區完成如下程式（程式 2-4-3）：

補 充 說 明

- 建立一個名為「開關」的布林變數，它是只有兩種值的原始類型，通常是真和假。布林值是電腦科學裡辨別 true（真）或 false（假）的資料型別，是以發明布林代數的數學家喬治 . 布爾來命名。

- 當按 A+B 鍵後將「開關」變數設為「真」，就好像我們把電燈開關打開一樣，這時電燈就會亮，30 秒時間一到就把「開關」變數設為「假」，就好像我們把電燈開關關閉，這時電燈就不會亮了。

- 當按 A 鍵時，會先經過一個判斷，如果判斷條件式為「真」（「開關」為真時）就會執行次數累加的動作，如果判斷條件式為「假」（「開關」為假時），就不會執行次數累加的動作。

- 利用「開關」的布林變數來進行控管的程式，在後面的教學中會很常用到，大家一定要會使用。

五 練習題

設計一個電子骰子，當 Web:Bit 開發板按下 A 鍵時會隨機呈現 1 到 6 點的圖案（顏色自訂）。

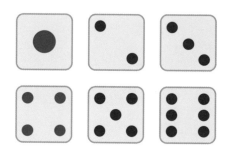

認識 Web:Bit 開發板
內建的元件及感應器

Web:Bit 開發板除了上一章介紹的全彩 LED 矩陣
及兩個按鈕開關外，還內建有一個蜂鳴器、兩個光
敏電阻（光敏感應器）、一個溫度感應電阻（溫度
感應器，這些元件及感應器的位置詳見第一章的介
紹。本章要利用這些感測器來量測本身或周遭的環
境變化，進而做更深入的應用。

3.1 認識蜂鳴器及演奏音樂

一 認識蜂鳴器

● 蜂鳴器是產生聲音的信號裝置，有機械型、機電型及壓電型。蜂鳴器的典型應用包括警笛、報警裝置、火災警報器、防空警報器、防盜器、定時器。（取自維基百科）

● Web:Bit 開發板內建一個蜂鳴器，可透過寫程式讓蜂鳴器發出聲音，蜂鳴器所連接的腳位為開發板的 P0 腳位。

● 是一個類似喇叭的輸出裝置。

二 認識「音樂 & 聲音」積木

Web:Bit 編輯器的「音樂 & 聲音」積木如下，包含演奏某個音階、休息、預設音樂和停止演奏 ... 等積木，非常淺顯易懂。

三 播放內建的音樂

1 播放一首內建的音樂

作品說明：利用蜂鳴器播放一首內建的音樂。

先在積木編輯區完成如下程式（程式 3-1-1）：

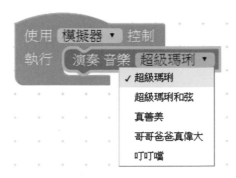

補 充 說 明

🎵 一共有五首內建的音樂可供選擇。

🎵 首先，利用模擬器來測試，這時記得要開啟電腦的喇叭，等模擬器測試成功後，再改用 USB 連線方式來測試，看開發板是否會發出聲音。

2　播放兩首內建的音樂

作品說明：利用蜂鳴器發出兩首內建的音樂來，一首播完再播下一首。

先在積木編輯區完成如下程式（程式 3-1-2）：

補 充 說 明

🎵 等第一首音樂播完後，才會再播放第二首音樂。

3　利用按鍵來播放內建的音樂

作品說明：按 A 鍵時播放超級瑪琍、按 B 鍵時播放哥哥爸爸真偉大。

先在積木編輯區完成如下程式（程式 3-1-3）：

補 充 說 明

🎵 若發現按另一鍵時，前一段音樂沒有停止，造成聲音互相干擾時，可在每個按鍵內程式的最上方加入「停止演奏」的積木。

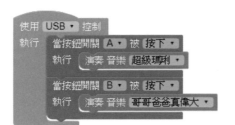

四 播放自己輸入譜的音樂

1 播放小蜜蜂

作品說明：根據小蜜蜂的譜，輸入音階及拍子的資料後，按下 A 鍵會播放出小蜜蜂的音樂。小蜜蜂的譜，如右所示。

小蜜蜂

| 5 3 3 − | 4 2 2 − | 1 2 3 4 | 5 5 5 − |
嗡嗡嗡　　嗡嗡嗡　　大家一起　勤做工
| 5 3 3 − | 4 2 2 − | 1 3 5 5 | 3 − − − |
來匆匆　　去匆匆　　做工興味　濃
| 2 2 2 2 | 2 3 4 − | 3 3 3 3 | 3 4 5 − |
天暖花好　不做工　　將來哪裡　好過冬
| 5 3 3 − | 4 2 2 − | 1 3 5 5 | 1 − − − |
嗡嗡嗡　　嗡嗡嗡　　別做懶惰　蟲

先在積木編輯區完成如右程式（程式 3-1-5）：（只填入上圖第一列的譜）。

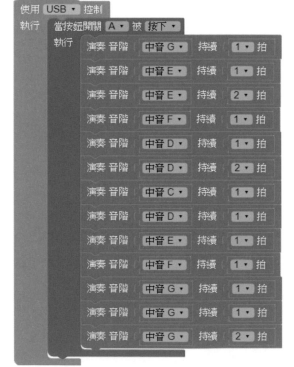

補 充 說 明

🐦 只要有耐心，一個音階接著一個音階，要完成一首曲子不是難事！

2 模擬鍵盤樂器

作品說明：我們要把電腦鍵盤模擬成鋼琴鍵盤，當按下電腦鍵盤上的 1 時，蜂鳴器會發出 Do 的音，按下 2 時會發出 Re 的音，以此類推。這邊我們會用到「偵測鍵盤行為」積木，此積木在積木清單的「偵測」內，可以偵測電腦鍵盤上大多數的按鍵，偵測方式包含按下與放開兩種。

在積木編輯區完成如下程式（程式 3-1-6）：

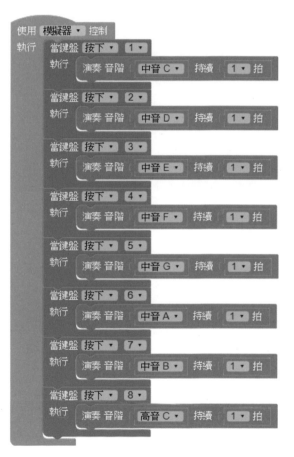

補充說明

- 設定每按下一個數字鍵時，會發出 1 拍的相關音階。
- 請利用此鍵盤樂器演奏出小蜜蜂的音樂。

五 解析音樂積木的程式碼

每個積木程式都有相對的程式碼，我們來觀察下面積木程式的程式碼。

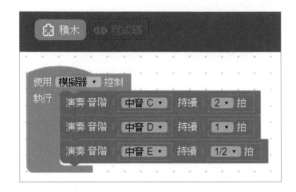

點選上方的「程式碼」，就可將積木程式改為文字模式的 Javascript 程式碼，如下圖所示。

```
(async function() {

  boardReady({
    board: 'Bit',
    device: 'Webduino Bit',
    multi: true,
    transport: 'message',
    window: window.top.frames[0]
  }, async function(board) {
    window._board_ = await boardInit_(board, 100, 0);
    await buzzerPlay_(_board_, [('C5')], [(1)]);
    await buzzerPlay_(_board_, [('D5')], [(2)]);
    await buzzerPlay_(_board_, [('E5')], [(4)]);

  });

}());
```

觀察上圖音階及拍子的呈現內容，Do、Re、Me 分別為 C5、D5、E5，2 拍、1 拍、1/2 拍分別為 1、2、4。

最後整理出各音階在程式碼的的表示值：

	1（Do）	2（Re）	3（Me）	4（Fa）	5（So）	6（La）	7（Si）
低音	C4	D4	E4	F4	G4	A4	B4
中音	C5	D5	E5	F5	G5	A5	B5
高音	C6	D6	E6	F6	G6	A6	B6

拍子在程式碼的的表示值：

拍子	2 拍	1 拍	1/2 拍	1/4 拍	1/8 拍	1/16 拍
表示法	1	2	4	6	8	10

我們把上面 Do、Re、Me 分別播放 2 拍、1 拍、1//2 拍的程式，加入變數使用，再改寫成如下的程式（程式 3-1-7）。

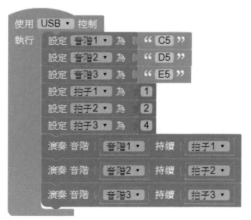

補 充 說 明

❀ 將「演奏音階」積木的音階及拍子採用「變數」的方式來輸入，好處是以後可以透過 Google 試算表來提供音階及拍子的資料，可以大大減輕拉積木的工作量。（第八章介紹 Google 試算表時再做說明）。

六 Web:Bit 開發板外接蜂鳴器或喇叭

雖然 Web:Bit 開發板已內建蜂鳴器，但有時聲音有點小，由於我們知道開發板內建
的蜂鳴器是接到板子的 P0 腳位，因此可利用下面方式外接音量更大的蜂鳴器或喇
叭（耳機）。

1 外接音量更大的蜂鳴器

準備兩條兩端有鱷魚夾的線，一條接到開發板的 P0 腳位，另一條接到開發板的
GND 腳位，兩條線的另一端接到蜂鳴器的兩條線，如下圖，接好後，播放內建音
樂，看外接的蜂鳴器有沒有發出聲音？

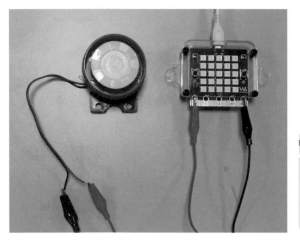

補 充 說 明

✿ 測試後，發現沒有正負極之
分，兩條線的一端交換位置，
一樣會發出聲音來。

2 外接喇叭（耳機）

準備兩條兩端有鱷魚夾的線，一條接到開發板的 P0 腳位，另一條接到開發板的
GND 腳位，兩條線的另一端接到喇叭（耳機）的接頭，如下圖，接好後，播放內
建音樂，看喇叭（耳機）有沒有發出聲音來？

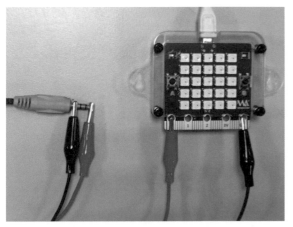

補 充 說 明

* 測試後，發現沒有正負極之分，兩條線的一端交換位置，一樣會發出聲音來。

補 充 說 明

* 上圖接法，聲音只從一邊的喇叭（耳機）出來，只有單音（左聲道）。採用右圖，聲音可從另一邊的喇叭（耳機）出來（右聲道），想一想要如何讓兩邊的喇叭（耳機）都可以發出聲音。

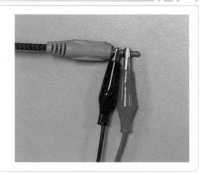

* 最常見的 3.5mm 耳機插頭，從上到下依次序是左聲道、右聲道和接地，黑色的是絕緣圈。

七 練習題

模擬出生活中的聲音，如救護車的聲音、門鈴聲音、便利商店歡迎聲、電話聲或校園鐘聲，也可嘗試製作摩斯密碼。

3.2 認識溫度感應器及量測目前溫度

溫度與人們的日常生活息息相關,每天出門要看溫度來決定衣服,也要看溫度高低來決定要不要開冷氣,可見溫度量測的重要,因此 Web:Bit 內建有溫度感應器,我們可以透過溫度感測值來控制一些家電(如電扇),達到智能生活。

一 從屏幕上顯示目前的溫度

作品說明:從屏幕上顯示目前的溫度。

在積木編輯區完成如下程式(程式 3-2-1):

 補 充 說 明

- 「偵測溫度」的積木在積木清單的「偵測光線 & 溫度」內。
- 「偵測溫度」積木使用時只會偵測一次,搭配重複迴圈就能進行連續偵測。

二 製作運動溫度計

作品說明:為避免運動中暑,因此設計這運動溫度計,讓喜歡運動的人在運動過程中可以隨時注意溫度的變化。

- 當溫度大於 32 度時，在屏幕顯示紅色 X（代表不適合運動）。
- 當溫度小於 28 度時，在屏幕顯示綠色 V（代表適合運動）。
- 當溫度介於 28 ～ 32 度間時，在屏幕顯示黃色三角形（代表運動時仍然要注意）。

在積木編輯區完成如下程式（程式 3-2-2）：

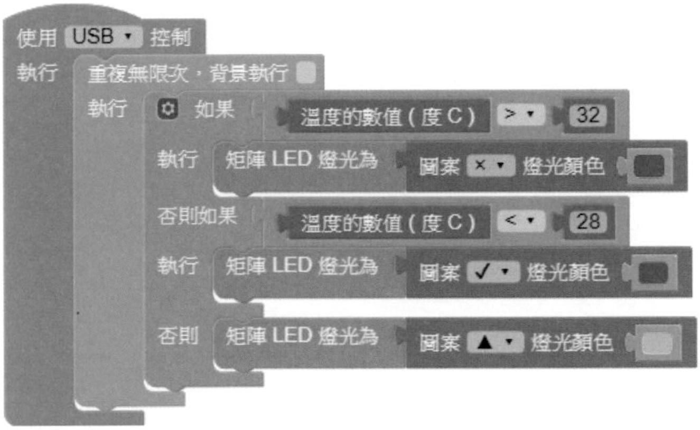

這邊可以利用吹風機或嘴巴朝著開發板的溫度感應器吹熱氣來改變目前溫度，但有點麻煩，因此改採用模擬器來測試程式有沒有問題？將原來 USB 控制改為模擬器控制，如下。

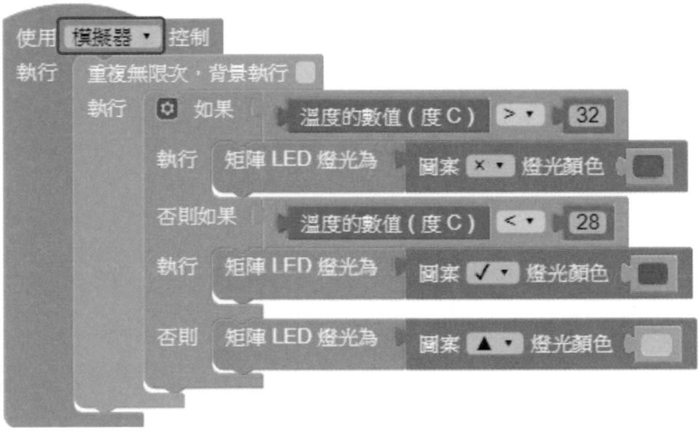

執行程式時,模擬器下方會出現一火焰,並且在溫度感應器的位置處出現模擬器的溫度。改變火焰的位置,越靠近溫度感應器,溫度越高,最高到 100 度,越離開溫度感應器,溫度越低,最低到 10 度,也可在這移動的過程中,觀察屏幕的圖案是否隨溫度的不同而有正確的顯示。

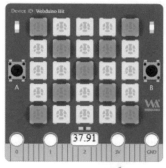 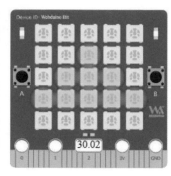 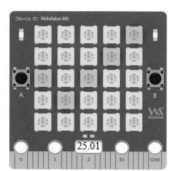

三 練習題

製作一高溫警報器,當溫度大於 32 度時,會發出警報聲響。

3.3 認識光敏感應器及量測目前光亮度

光敏感應器是利用光敏元件將光訊號轉換為電信訊號的感測器，普遍用於手機、平板電腦、筆記型電腦等電子行動裝置，可調整電子產品螢幕亮度達人類眼睛可接受的亮度，可見光亮度量測的重要。Web:Bit 開發板內建有光敏感應器，透過它可以製做各種判斷光線亮度進而控制系統的應用，像家中的小夜燈及路燈控制系統都可以找到光敏感應器的身影。

一 從屏幕上顯示目前光亮度

作品說明：按 A 鍵時會顯示左上角的亮度，按 B 鍵時會顯示右上角的亮度。

在積木編輯區完成如下程式（程式 3-3-1）：

- 「亮度的數值」積木在積木清單的「偵測光線＆溫度」內。
- 「亮度的數值」積木使用時只會偵測一次，搭配重複迴圈就能進行連續偵測。
- Web:Bit 開發板提供右上角及左上角兩個光敏感應器。
- 量測的結果發現，量測值最大為 1000（最亮），最小為 0（最暗），同樣，也可透過模擬器來測試，先將使用 USB 控制改為使用模擬器控制，如下：

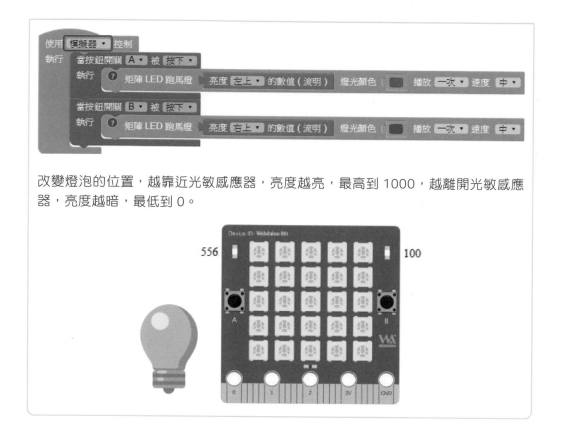

改變燈泡的位置,越靠近光敏感應器,亮度越亮,最高到 1000,越離開光敏感應器,亮度越暗,最低到 0。

二 天黑請開燈

作品說明:當天黑時(當左上角的光敏感應器量測到的亮度值小於 50 時),這時 LED 屏幕亮白燈,否則不亮燈。

在積木編輯區完成如下程式(程式 3-3-2):

補 充 說 明

- 由於要一直偵測目前的環境亮度，搭配重複迴圈來進行連續偵測。
- 大家可以利用手掌去蓋住左上角的光敏感應器，或把開發板放到桌子底下模擬成天黑的狀態，並觀察屏幕是否會亮燈。

三 光影魔術手

作品說明：這個作品很有趣，先來變一下魔術吧！當我們把手移過去 Web:Bit 開發板屏幕上方時（不用接觸），LED 屏幕上的圖案將會改變，好像擁有魔力一般，是不是很神奇啊！另外，為了營造出只有自己有光影魔術手的能力，別人沒有，因此，做了一個小動作（開關），當按 A 鍵時，開發板具有光影魔術手的功能；按 B 鍵時，開發板則沒有此功能。

在積木編輯區完成如下程式（程式 3-3-3）：

```
使用 USB▼ 控制
執行  設定 開關▼ 為 真▼
     當按鈕開關 A▼ 被 按下▼
     執行  設定 開關▼ 為 真▼
     當按鈕開關 B▼ 被 按下▼
     執行  設定 開關▼ 為 假▼

     重複無限次，背景執行
     執行  ⚙ 如果 開關▼
           執行  ⚙ 如果 亮度 右上▼ 的數值（流明）<▼ 10
                 執行  矩陣 LED 燈光為 圖案 隨機▼ 燈光顏色 隨機顏色
                       等待 2 秒
```

補 充 說 明

- 「預設圖案」積木的隨機是從 60 種圖案隨機取出一種,因此重複出現的機率很低,幾乎每次都會出現不同圖案。

- 還記得在上一章利用時間來控管的按按按遊戲嗎?這邊又要利用「開關」的布林變數來進行程式控管,先建立一個名為「開關」的布林變數,只有「真」與「假」。

- 按 A 鍵時,把開關設為真(相當於把開關打開),所以按 A 鍵後,下方的偵測判斷才有作用。

- 按 B 鍵時,把開關設為假(相當於把開關關閉),所以按 B 鍵後,不會去執行下方的偵測判斷。

- 變魔術時,我習慣手從 A 鍵方向往 B 鍵方向移動,所以利用右上角的光敏感應器來測光,如果習慣從 B 鍵方向往 A 鍵方向移動,就改用左上角的光敏感應器來測光。等待 2 秒是讓手離開時,還能保留原本圖案。

四 空氣按鍵

作品說明:我們也可以把左上角及右上角的光敏感應器模擬成 A 鍵及 B 鍵,由於實際上沒有按到按鍵,所以就稱為「空氣按鍵」。本作品是當左上角的亮度小於 10 的時候,屏幕出現向左方的箭頭圖案,當右上角的亮度小於 10 的時候,屏幕出現向右方的箭頭圖案。

在積木編輯區完成如下程式(程式 3-3-4):

補 充 說 明

❀ 利用上面的程式，也可以用來判斷手在開發板上是往哪一邊移動，當往右移動
時，屏幕上會呈現向右方的箭頭圖案，當往左移動時，屏幕上會呈現向左方的
箭頭圖案，是不是很有趣啊。

❀ 下次，除了可利用 A 鍵、B 鍵做輸入外，又增加兩個空氣按鍵可以使用。

五 練習題

請利用光敏感應器製作「空氣直笛」，利用手在光敏感應器上的不同位置控制發出
不同音階的聲音，可利用兩邊的光敏感應器做不同的變化。

MEMO

 玩轉 LED 燈

前兩章已介紹完 Web：Bit 基本的硬體功能，除了部分作品涉及邏輯判斷外，軟體大都只著重在積木指令的使用，動腦思考的層級似乎不是很多，因此，本章想透過屏幕上的 25 顆全彩 LED 的亮燈變化，做更深入的思考來完成目標。

4.1 認識運算思維

一 運算思維的定義

「運算思維」（Computational Thinking）是最近很夯的一個名詞，常有如下的解釋：

- 運算思維是利用電腦科學的基本概念進行問題解決、系統設計與人類行為理解的思維模式（Wing, 2006）。

- 運算思維讓我們能擁有電腦科學家面對問題時所持有一種的思維模式（Grover & Pea, 2013）。

- 具備運用運算工具之思維能力，藉以分析問題、發展解題方法，並進行有效的決策（國教院 2015，我國「資訊科技」課程）。

二 運算思維的內涵

根據 Google 的定義，運算思維包含有以下的內涵：

- **抽象化**：為定義主要概念去識別並萃取相關資訊。

- **演算法設計**：產出有序指令以解決問題或完成任務。

- **自動化**：利用電腦或機器重複任務。

- **資料分析**：透過歸納模式或發展深入分析方法以理解資料。

- **資料蒐集**：蒐集與問題解決相關的資料。

- **資料表示**：用適合的圖表、文字或圖片等表達與組織資料。

- **解析**：將資料、程序、問題拆解成較小、較容易處理的部分。

- **平行化**：同時處理大任務中的小任務以有效達到解題目的。

- **樣式一般化**：產生所觀察樣式的模型、規則、原則或理論以測試預測的結果。

- **樣式辨識**：在資料中觀察樣式、趨勢或規則。

- **模擬**：發展模型以模仿真實世界的程序。

一般常整合（簡化）成以下四項重點：

- **拆解（Decomposition）**：將一個任務或問題拆解成數個步驟或部分或小問題。
- **找出規律（Pattern Recognition）**：尋找問題中的相似之處。
- **歸納與抽象化（Pattern Generalization and Abstraction）**：只專注於重要的信息，忽視無關緊要的細節，找出最主要導致此模式的原則或因素。
- **演算法設計（Algorithm Design）**：開發解決這問題的步驟、規則。

三 資料表示法及演算法設計

好的資料表示法及演算法設計對解決問題（或解題）有很大幫助。

1 資料表示法

班上有 50 位同學中午外出用餐，用餐後回到教室報到，老師想要知道哪些座號的同學還沒回來，而且這些座號要從小到大排列，如果你是老師你會怎麼做？

關於這題目你會如何做呢？

- **一般思維者**：老師依序記錄已回來同學的座號

  5、21、34、8、43、28、11、⋯

- **運算思維者**：老師會先建立 1 號到 50 號的空白表，回來的同學老師會按座號在表格上的號碼打勾。

1	2	3	4	5	6	….	48	49	50
	✓	✓		✓				✓	✓

這就是有運算思維及沒有運算思維的作法。簡單的說，沒運算思維者做事沒效率，有運算思維者，可透過方法來解決問題。可見【資料表示法】的重要，資料表示法（Data representation）是用適合的圖表、文字或圖片等表達與組織資料。

另外，像傳真機的圖片傳送是如何進行的？如何將圖片用表示法來表示呢？

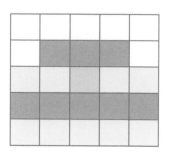

先記錄圖片中每一個像素的黑白顏色（W：白色、B：黑色）

W	W	W	W	W
W	B	B	B	W
W	W	B	W	W
B	B	B	B	B
W	W	W	W	W

再將顏色數位化（0：白色、1：黑色）

0	0	0	0	0
0	1	1	1	0
0	0	1	0	0
1	1	1	1	1
0	0	0	0	0

原始的圖片資料已數字化，以 00000 01110 00100 11111 00000 的方式傳送 25 個數字。

接下來，再將這些數據採用第一種編碼方式，編碼規則：規定從白色開始，記錄每行連續白色的次數、連續黑色的次數、連續白色的次數…，如下：

5

131

212

05

5

完成後會以 5 131 212 05 5 的方式傳送 10 個數字。

最後,再變形成第二種編碼方式,編碼規則:連續白色的次數、連續黑色的次數、連續白色的次數…,但不再分行,如下:

只需傳送 6 3 3 1 2 5 5 七個數字。

這些都是資料表示法。所以遇到問題時,要將原本雜亂無章的訊息,抽絲剝繭成可用數字、或簡易圖形表示,這就是運算思維的第一步了,再來去「拆解」資料,或從資料中「找相似的」、「有規則性的」,這也都是運算思維中常用的方法。

2 演算法設計

要解決問題,除了表示法,還需要有找到問題或解決問題的程序(步驟),這就是演算法則,產出有序指令以解決問題或完成任務。

再舉一例:**求任何一個數值(如 9438945)的各個位數的和?**

資料表示法就是分別取出各個位數的值再相加起來,如下:

表示法一 ▶ 9 + 4 + 3 + 8 + 9 + 4 + 5 = 42(從最高位數加到個位數)

根據此表示法,找出解此法的規律程序(步驟)為下:

- 9438945 除以 1000000　　商為 9 餘數為 438945
- 438945 除以 100000　　商為 4 餘數為 38945
- 38945 除以 10000　　商為 3 餘數為 8945
- 8945 除以 1000　　商為 8 餘數為 945
- 945 除以 100　　商為 9 餘數為 45
- 45 除以 10　　商為 4 餘數為 5
- 5 除以 1　　商為 5 餘數為 0

餘數為下一個計算式的被除數,把上面的商加起來就是答案了,這是我們找到的計算程序,也就是演算法則。

表示法二 　5＋4＋9＋8＋3＋4＋9＝42（從個位數加到最高位數）

根據此表示法，找出解此法的規律程序（步驟）為下：

- 9438945 除以 10　　商為 943894 餘數為 5
- 943894 除以 10　　商為 94389 餘數為 4
- 94389 除以 10　　商為 9438 餘數為 9
- 9438 除以 10　　商為 943 餘數為 8
- 943 除以 10　　商為 94 餘數為 3
- 94 除以 10　　商為 9 餘數為 4
- 9 除以 10　　商為 0 餘數為 9

商數為下一個計算式的被除數，把上面的餘數加起來就是答案了，這是我們找到的另一種計算程序，也就是演算法則。

請大家想一想，上面這兩種運算法設計，哪一種更有效率呢？有關此題的程式設計，請觀看第六章與怪獸共舞數理解題篇的第二單元，是採用更有效率的演算法設計來求解。

四 總結

有關運算思維現在幾乎都與「資訊科技」、「程式設計」結合在一起，其實運算思維不等於「資訊科技應用」、「程式設計」、「資訊科學」，但可增進「資訊科技應用」、「程式設計」、「資訊科學」的學習與成效。也不等於「數學思維」或「邏輯思維」，但可以運用運算思維來解決的問題，也就是說有效的方法就是運算思維，電腦只是工具來求解，寫程式是最快的學習方式。在學習程式設計的過程中，由於不斷的思考、遇到問題、解決問題，漸漸培養解決問題的模式（運算思維）！因此學習程式設計並非要訓練成為程式設計師，而是要加強高層次思考能力，進而幫助學習，解決問題！

4.2 依序點亮一列燈

前面介紹過 Web：Bit 開發板的屏幕是由 25 顆全彩 LED 燈所組成，也介紹過如何顯示文字、數字、圖案及簡易動畫，現在要針對這 25 顆燈做研究，如何利用程式來控制這 25 顆燈的亮滅。首先，介紹利用各種不同的方法來依序點亮第一列燈，每兩顆燈的亮燈間隔為 1 秒鐘。在開始之前，請你想一想你會用什麼方法來依序點亮這一列燈。

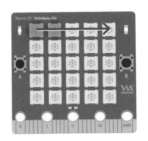

一 利用「繪製圖案」積木來製作

利用「繪製圖案」積木來繪製一顆燈一顆燈陸續亮起，這應該是最簡單的方法，但大家反而容易忽略它，雖然簡單，但也是方法之一。

先在積木編輯區完成如右程式（程式 4-2-1），是不是很簡單啊！

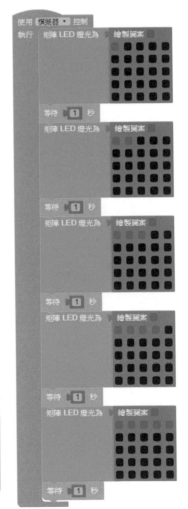

補 充 說 明

- 這邊直接利用模擬器來執行即可。
- 記得在兩個繪製積木間要有 1 秒的等待時間，不然會直接顯示最後一個圖案。

二 利用「第幾顆燈」的積木來製作

「第幾顆燈」積木在積木清單的「矩陣 LED」內，可以指定第幾顆燈的顏色，在使用這功能之前要先知道這 25 顆燈的編號，開發板燈號 1~25 的順序為從左到右、從上到下。如下圖（圖取自官網）：

接下來讓燈號 1 亮紅燈、燈號 2 亮紅燈…即可成功完成依序點亮一列燈。

在積木編輯區完成如下程式（程式 4-2-2）。

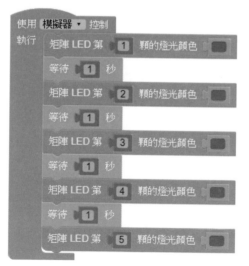

補 充 說 明

🌀 這樣就完成了，是不是也很簡單啊！

根據上面程式，我們觀察到這程式的積木有相似的地方，因此嘗試著拆解看看，如下：（這邊「找相似的地方」及「拆解」，都是「運算思維」的方法之一。）

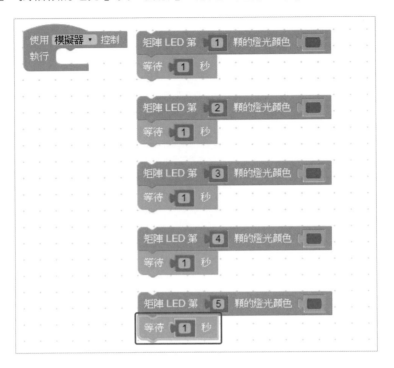

- 在最後一個積木下方補上一個不會影響結果的「等待 1 秒」的積木。
- 把主要程式拆解成如上圖的 5 個相似部分，並發現這 5 個相似的部分有規律性，就是亮燈的編號依序為 1、2、3、4、5，所以將上面程式加上重複 5 次的迴圈來修改。

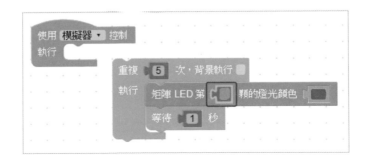

由於上圖紅框內的值並非固定，而是有按順序的數字，因此建立一個名為「燈號」的變數來代替，讓「燈號」的值從 1、2…跑到 5，完成整個程式（程式 4-2-3），如下：

🔆 剛開始設定「燈號」的值為 1，跑完第一圈後，「燈號」值改變 1，變成 2，再跑第二圈，重複 5 次，就相當於從燈號 1 依序跑到燈號 5 了。

除了上面方法外，發現「重複」積木內還有一個「計數」積木，「計數」積木是「重複執行幾次」積木的進階版，差別在於計數積木使用了一個變數，透過這個變數的數值（起始值、結束值、間隔值），來決定重複幾次，也就是結合迴圈與變數的功能。因此再將上面程式改用「計數」積木修改成如下（程式 4-2-4）：

🔆 燈號變數從 1 到 5，每次間隔 1，就相當於 1、2、3、4、5 共執行了 5 次。

🔆 整個程式是不是又更精簡了！

試試看下面程式，看亮燈會如何跑？

使用 模擬器 控制
執行　計數 燈號 從 5 到 1 每隔 1 背景執行 ◯
　　執行　矩陣 LED 第 燈號 顆的燈光顏色 ⬛
　　　　　等待 1 秒

🐛 補 充 說 明

❀ 計數積木的起始值如果大於結束值，變數值會遞減，像上例的燈號會從 5、4、3、2、1 來遞減，所以亮燈就會從右往左邊跑。

三 利用「X、Y 座標控制燈號」的積木來製作

「X、Y 座標控制燈號」積木在積木清單的「矩陣 LED」內，可以透過 X 和 Y 的座標值指定燈號的顏色顯示。開發板的 X、Y 座標以左上角為（1,1），往右 X 加 1，往下 Y 加 1，依此類推。如下圖（圖取自官網）：

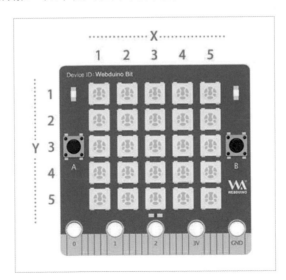

接下來讓座標（1,1）亮紅燈、座標（2,1）亮紅燈，即可成功完成依序點亮一列燈。

在積木編輯區完成如下程式（程式 4-2-5）。

跟前一單元一樣，根據上面程式，我們觀察這程式的積木是否有相似的地方？嘗試拆解看看，如下：

接下來的推衍過程與前一單元一樣，就不再贅述，分別得如下的程式。

● **使用變數及迴圈積木**（程式 4-2-6）

● **使用計量積木**（程式 4-2-7）

四 練習題

我們已經學會了如何依序點亮一列燈，那是不是也會依序點亮一直行的燈呢？請畫出一個十字形的圖案。

4.3 認識巢狀迴圈及完成九九乘法表

我們已經學會單一迴圈的使用，但是對於複雜的運算中，迴圈中還有迴圈是常有的事，這種迴圈中又有另一層迴圈，稱為「巢狀迴圈」。若迴圈中還有迴圈，我們稱在外面的迴圈為「外迴圈」，被包在裡面的迴圈，稱為「內迴圈」，它的運行方式，從下圖來說明：

補充說明

- 計數 Y 的迴圈為外迴圈；計數 X 的迴圈為內迴圈

- 運行方式：

  - 程式一開始先執行外迴圈（Y=1）

  - 接著跑到內迴圈 X=1（這時的 Y=1、X=1）

  - 接著內迴圈執行第 2 次（這時的 Y=1、X=2）

  - 接著內迴圈執行第 3 次（這時的 Y=1、X=3）

  - 當內迴圈都跑完後，再回到外迴圈執行第 2 次（Y=2）

  - 接著跑到內迴圈 X=1（這時的 Y=2、X=1）

  - 接著內迴圈執行第 2 次（這時的 Y=2、X=2）

  …以此類推

- 所以可以把外迴圈看做是時鐘的分針，內迴圈就是秒針，當內層迴圈執行一輪之後，外層迴圈才會進到下一項。

一 比較下面兩個巢狀迴圈的差異

● 程式一（程式 4-3-1）

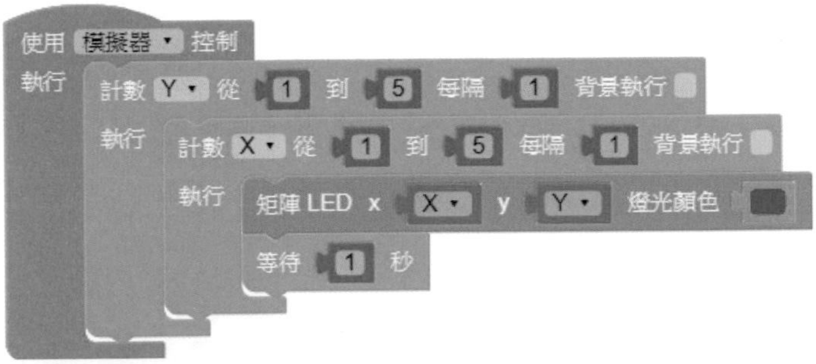

● 程式二（程式 4-3-2）

根據我們對巢狀迴圈的了解後，我們應該可以知道亮燈的走向：

● 程式一的亮燈座標依序如下：(1,1)、(2,1)、(3,1)、(4,1)、(5,1)；(1,2)、(2,2)、(3,2)、(4,2)、(5,1)；(1,3)、(2,3)……以此類推。

● 程式二的亮燈座標依序如下：(1,1)、(1,2)、(1,3)、(1,4)、(1,5)；(2,1)、(2,2)、(2,3)、(2,4)、(2,5)；(3,1)、(3,2)……以此類推。

根據上面兩個程式,執行結果分別如下:

● **程式一**

（亮燈先由左而右,再由上而下）

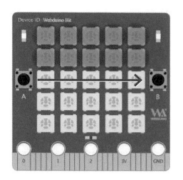

● **程式二**

（亮燈先由上而下,再由左而右）

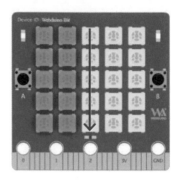

將上面兩個程式整合在一個程式內（程式 4-3-3）,分別按 A 鍵及 B 鍵來跑不同的巢狀迴圈。

補 充 說 明

按 A 鍵跑上面的巢狀迴圈，按 B 鍵跑下面的巢狀迴圈，若一個巢狀迴圈沒有跑完，就再按鍵的話，會變成互相打架的情況。如果要避免打架的情況，可將程式修改成如下，一按鍵時先停止所有的重複，這問題也就解決了。

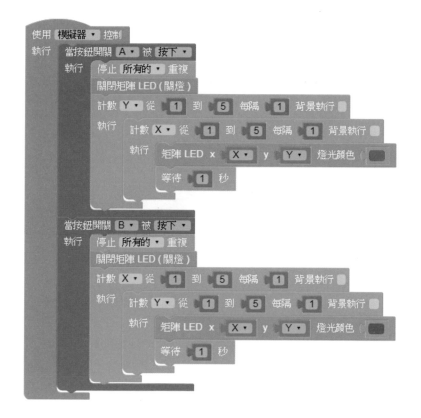

補 充 說 明

【停止重複】積木在積木清單的「重複」內，所有的重複行為，都可以透過「停止重複」積木來停止。

二 利用巢狀迴圈完成九九乘法表

巢狀迴圈最常見的應用是印出「九九乘法表」來。

1×1=1	2×1=2	3×1=3	4×1=4 …
1×2=2	2×2=4	3×2=6	4×2=8 …
1×3=3	2×3=6	3×3=9	4×3=12 …
1×4=4	2×4=8	3×4=12	4×4=16 …

……

由上九九乘法表可看出，被乘數（藍色字）為外迴圈，乘數（紅色字）為內迴圈。

在積木編輯區完成如下程式（程式 4-3-5）。

補 充 說 明

🐾 「矩陣 LED 跑馬燈」及「建立字串」積木，可採用「多行輸入」來減少程式的長度，在積木上按右鍵，選擇「多行輸入」即可。

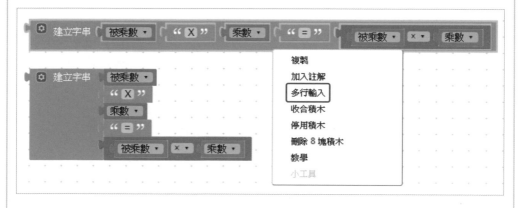

🐾 可將播放速度改「快」，以加快播放速度。

🐾 也可請怪獸讀出九九乘法表來，怪獸的使用將於下一章介紹。

🐾 「建立字串」積木在積木清單的「文字」內，利用「藍色小齒輪」來增加項目。

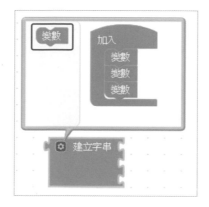

三　練習題

請依序點亮所有的燈，但每一顆需隨機改變三種顏色後才會移到下一顆燈！

4.4 完成各種變化圖形

接下來，請利用程式（演算法）完成下面的圖形。

一 棋盤圖

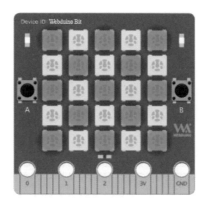

1 演算法一

觀察上圖，先採用 LED 燈從編號 1 到編號 25 的表示方式，發現奇數燈號的燈亮紅燈，偶數燈號的燈不亮燈，所以利用最簡單取得奇數、偶數的方法，就是將燈號除以二，如果餘數為 1 代表奇數，餘數為 0 代表偶數。在積木編輯區完成如下程式（程式 4-4-1）。

補 充 說 明

- 燈光顏色用「黑色」代表不亮燈。
- 其實編輯器本身在邏輯積木內也有判斷奇數、偶數的積木，所以可以把此程式修改成如下程式。

2 演算法二

採用座標來表示 LED 燈，發現 X 座標 +Y 座標的值為偶數時亮紅燈，為奇數時不亮燈，一樣利用 X 座標 +Y 座標的值除以二，如果餘數為 1 代表奇數，餘數為 0 代表偶數。在積木編輯區完成如下程式（程式 4-4-2）。

二 亮燈沿著「弓字形」來跑

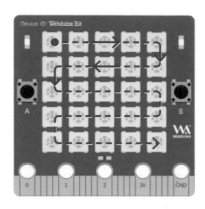

觀察上面圖形，發現 Y 座標為 1、3、5 奇數時，亮燈往右跑，Y 座標為 2、4 偶數時，亮燈往左跑，根據此特性，在積木編輯區完成如下程式（程式 4-4-3）。

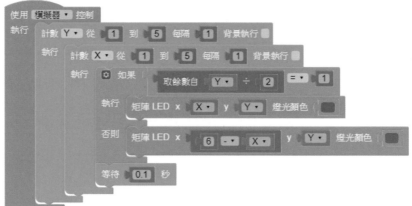

 補 充 說 明

🟣 亮燈往右跑就跟之前依序點亮一列燈的程式一樣。

🟣 亮燈往左跑，也就是 X 座標的值會變小，當 X 增加時，利用 6-X，讓 X 座標值減少，即可呈現反方向移動。

🟣 同樣，如果要完成如右的圖形也沒問題喔！

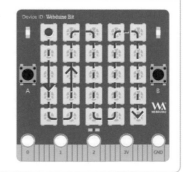

三　X 字形

觀察下面圖形，不用急著看答案，請先想一想亮燈的位置有沒有什麼規律性呢？

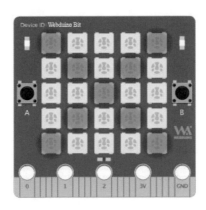

觀察後發現，上面圖形的兩條亮燈線可分開處理，分別：

● **左上右下這條線**：亮燈的位置點，分別是（1,1）、（2,2）、（3,3）、（4,4）、（5,5），發現其 X 座標值與 Y 座標值相同。

● **右上左下這條線**：亮燈的位置點，分別是（5,1）、（4,2）、（3,3）、（2,4）、（1,5），發現其 X 座標值與 Y 座標值的和為 6。

根據以上的觀察，在積木編輯區完成如下程式（程式 4-4-4）。

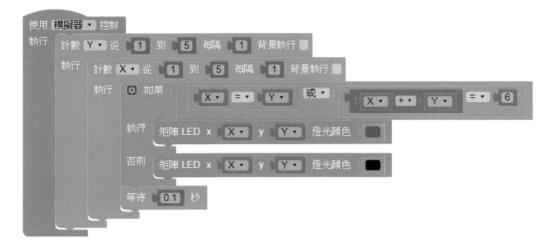

補 充 說 明

這邊我們第一次用到「邏輯運算子」，此積木在積木清單的「邏輯」內，為邏輯判斷提供了更彈性的判斷條件，當中包含了「且」與「或」，如果使用「且」，在兩端判斷的條件空格必須都滿足時，才會執行動作，如果使用「或」，只要其中一個條件空格滿足就會執行動作。這邊只要符合其中的一個條件就要亮燈，因此採用「或」。

○ **且（AND）**：若指定的二個結果都成立（都是 true），則傳回 true。

是一「交集」的概念，要符合第一個條件（a）也要符合第二個條件（b），就是右圖的粉紅色部分，才算成立。

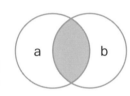

○ **或（OR）**：若指定的二個結果至少有一個成立（其中一個是 true），則傳回 true。

是一「聯集」的概念，只要符合其中一個條件就算成立。

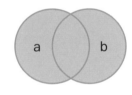

四 練習題

畫出 X 字後，也請畫出 Y 字來。

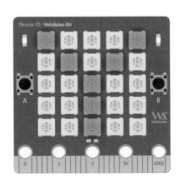

4.5 利用 LED 燈玩猴子接香蕉遊戲

一 利用 A 鍵、B 鍵來控制猴子的左右移動

這邊要利用 LED 燈來玩「猴子接香蕉」遊戲，先把猴子想像成一顆燈（此設為紅燈），位於屏幕的最下面一列，這顆燈可以利用 A 鍵及 B 鍵來左右移動它。這邊的左右移動，其實是先點亮左或右的燈後，再把原本位置的燈熄滅，看起來就像左右移動了。

按照上面的理論，在積木編輯區完成如下程式（程式 4-5-1）。

```
使用 [USB ▼] 控制
執行    設定 [X ▼] 為  3
        設定 [Y ▼] 為  5
        重複無限次，背景執行 ✓
        執行    矩陣 LED x [X ▼] y [Y ▼] 燈光顏色 ▨

        當按鈕開關 [A ▼] 被 [按下 ▼]
        執行    ⚙ 如果      [X ▼] [> ▼] 1
                執行    矩陣 LED x [X ▼] y [Y ▼] 燈光顏色 ▨
                        [X ▼] 改變 -1

        當按鈕開關 [B ▼] 被 [按下 ▼]
        執行    ⚙ 如果      [X ▼] [< ▼] 5
                執行    矩陣 LED x [X ▼] y [Y ▼] 燈光顏色 ▨
                        [X ▼] 改變 1
```

補 充 說 明

❀ 先設定猴子座標的位置在（3,5），最下一列的中心位置。

❀ 一直重複執行在（x,y）亮燈的動作，此要設定為背景執行，才不會影響按 A、B 鍵的動作。

- 按 A 鍵時，就相當於把原本的燈滅掉，然後往左移動一格。因受到前一個一直在（x,y）亮燈的程式，所以新位置的燈亮起，感覺紅燈向左移了一格。
- 同理按 B 鍵時，就相當於把原本的燈滅掉，然後往右移動一格。因受到前一個一直在（x,y）亮燈的程式，所以新位置的燈亮起，感覺紅燈向右移了一格。

二 香蕉由上往下移動

上一個程式完成了猴子的左右移動，現在要處理另一個角色香蕉的程式，香蕉（以綠燈來表示）先隨機出現在舞台的最上方（Y=1），然後一直往下移動就可以了，移動最下方後再隨機出現在舞台上方，周而復始。

按照上面的理論，在積木編輯區完成如下程式（程式 4-5-2）。

```
使用 USB ▾ 控制
執行   重複無限次，背景執行 ☑
       執行  設定 X ▾ 為    取隨機整數介於 ( 1 到 ( 5
            設定 Y ▾ 為 ( 1
            計數 Y ▾ 從 ( 1 到 ( 5 每隔 ( 1 背景執行 ☐
            執行  矩陣 LED x ( X ▾ y ( Y ▾ 燈光顏色 ▨
                 等待 ( 1 秒
                 矩陣 LED x ( X ▾ y ( Y ▾ 燈光顏色 ▨
```

補 充 說 明

- 先設定香蕉座標的位置在舞台上方（Y=1）的隨機位置（X=1~5）
- 然後讓 Y 座標從 1 到 5 的亮燈、關燈，就感覺綠燈往下移動。

三 當猴子接到香蕉就得分

將上面兩個程式整合一下，再加上猴子接（碰）到香蕉就得分的程式，就完成了整個程式，如下（程式 4-5-3）。

使用 USB ▾ 控制
執行　設定 分數 ▾ 為 0
　　　設定 猴子的X ▾ 為 3
　　　設定 猴子的Y ▾ 為 5
　　　重複無限次，背景執行 ☑
　　　執行　矩陣 LED x 猴子的X ▾ y 猴子的Y ▾ 燈光顏色 ▮

重複無限次，背景執行 ☑
執行　設定 香蕉的X ▾ 為　取隨機整數介於 1 到 5
　　　設定 香蕉的Y ▾ 為 1
　　　計數 香蕉的Y ▾ 從 1 到 5 每隔 1 背景執行 ▮
　　　執行　矩陣 LED x 香蕉的X ▾ y 香蕉的Y ▾ 燈光顏色

　　　　　⚙ 如果 　　　猴子的X ▾ = ▾ 香蕉的X ▾
　　　　　　　　　且 ▾ 猴子的Y ▾ = ▾ 香蕉的Y ▾
　　　　　執行　演奏 音階 中音C ▾ 持續 1/16 ▾ 拍
　　　　　　　　分數 ▾ 改變 1
　　　　　　　　重複 2 次，背景執行 ▮
　　　　　　　　執行　矩陣 LED 燈光為 隨機顏色
　　　　　　　　　　　等待 0.1 秒
　　　　　　　　關閉矩陣 LED (關燈)

　　　　　等待 0.5 秒
　　　　　矩陣 LED x 香蕉的X ▾ y 香蕉的Y ▾ 燈光顏色 ▮

當按鈕開關 A ▾ 被 按下 ▾
執行　⚙ 如果 猴子的X ▾ > ▾ 1
　　　執行　矩陣 LED x 猴子的X ▾ y 猴子的Y ▾ 燈光顏色 ▮
　　　　　猴子的X ▾ 改變 -1

當按鈕開關 B ▾ 被 按下 ▾
執行　⚙ 如果 猴子的X ▾ < ▾ 5
　　　執行　矩陣 LED x 猴子的X ▾ y 猴子的Y ▾ 燈光顏色 ▮
　　　　　猴子的X ▾ 改變 1

當按鈕開關 A+B ▾ 被 按下 ▾
執行　停止 所有的 ▾ 重複
　　　等待 0.5 秒
　　　❓ 矩陣 LED 跑馬燈 分數 ▾ 燈光顏色 ▮ 播放 無限次 ▾ 速度 中 ▾

補 充 說 明

- 再加入「分數」的變數,當猴子接到香蕉就得 1 分。

- 這邊的「猴子接到香蕉」指著就是猴子與香蕉在同一個位置,因此利用座標位置去判斷是不是接到了,如果兩者的座標相同就代表接到了,同上圖的紅框處。

- 接到時,發出聲響、得分加 1 分、屏幕隨機顏色閃爍兩次。

- 當按 A＋B 鍵時,利用「停止所有的重複」積木來停止遊戲的進行,並透過無限次的跑馬燈來顯示分數,如上圖的藍框處。

四 練習題

學會猴子接香蕉後,嘗試做「賽車遊戲」,主角同猴子一樣,在最下面一列左右移動,賽車同香蕉一樣,會從上而下移動,如果一台賽車太少,就增加賽車的量,但主角不能被車子撞到,閃過一台車子就得一分。進階版是按 A＋B 鍵,讓主角往上移動一格,移到最頂端時,就得一分,並且再回到最底層的位置。

 怪獸舞台登場了

前面的章節著重在 Web:Bit 開發板的探索與使用。
其實，Web:Bit 教育版編輯器還有一個秘密武器，
那就是「怪獸舞台」。這個設計，可讓我們對於程
式設計的輸入、輸出方式不再只受限於開發板或模
擬器上，能夠延伸到舞台上來。也就是說，「怪獸
舞台」的出現，讓 Web:Bit 如虎添翼，創造更多的
可能性。

5.1 認識怪獸舞台

舞台上設計了四隻可愛的小怪獸，透過程式積木編排邏輯順序，就能控制每隻小怪獸的說話、聲音、互動與行為…等動作，甚至能進一步與實際 Web:Bit 開發板互動，做出更多有趣應用，先來認識一下怪獸舞台吧！

一 怪獸舞台的環境

小怪獸互動舞台位於教育版編輯器的右下角，如下圖。

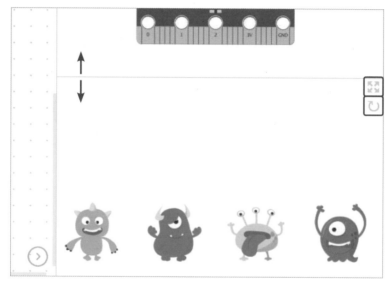

補 充 說 明

- 此小怪獸互動舞台類似 Scratch 舞台。
- 舞台上內建有四隻小怪獸，分別為綠色怪獸、紅色怪獸、黃色怪獸、藍色怪獸，不能再增加怪獸，但可以將怪獸隱藏。
- 小舞台的高度可以調整，也可以切換如下圖的全螢幕。
- 具有怪獸歸位的功能，對於亂跑的小怪獸可一鍵歸位。
- 舞台左下角的座標為（0,0）。向右時，X 座標值增加，向上時，Y 的座標值增加。

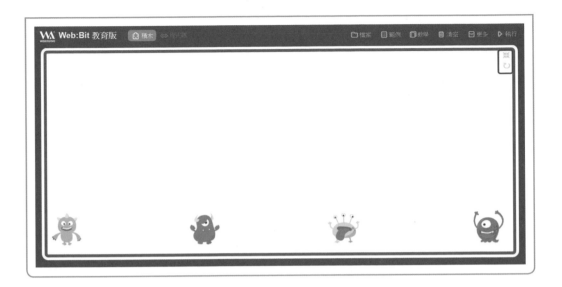

二 認識「怪獸控制」積木

1 「基本操作」積木

基本操作小怪獸的積木分別有講話、展示圖片、情緒、改變位置、改變角度、改變大小、顯示隱藏和階層…等，可以透過這些積木控制小怪獸的外在表現。

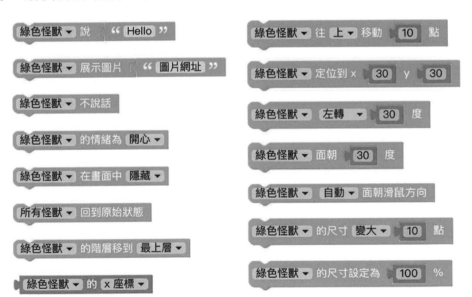

2 「互動 & 舞台」積木

互動 & 舞台的積木分別有滑鼠點擊小怪獸、滑鼠接觸小怪獸、小怪獸互相碰撞、小怪獸碰撞畫面、碰到畫面邊緣就反彈、更換舞台背景和設定全螢幕。

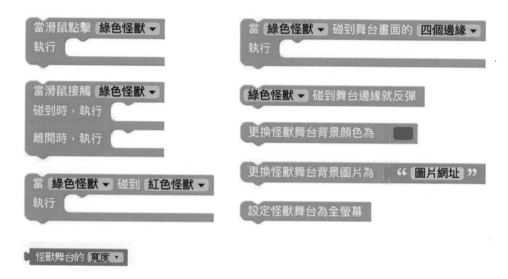

3 請怪獸告知舞台的大小

我們可以透過下面簡單的程式來知道舞台的大小。

● 小舞台的大小。

● 全螢幕時舞台的大小。

 補 充 說 明

🌸 舞台大小的單位為像素，其大小與電腦螢幕解析度的設定有關。

5.2 控制怪獸左右移動的方式

這邊透過讓怪獸左右移動的方式來認識各種不同的輸入方式。

一 利用開發板（模擬器）的按鈕

作品說明：利用開發板（模擬器）上的 A 鍵及 B 鍵來控制怪獸向左移動或向右移動。

在積木編輯區完成如下程式（程式 5-2-1）。

```
使用 模擬器 ▼ 控制
執行  綠色怪獸 ▼ 定位到 x     怪獸舞台的 寬度 ▼  ÷ ▼  2
                    y     怪獸舞台的 高度 ▼  ÷ ▼  2
      當按鈕開關 A ▼ 被 按下 ▼
      執行  綠色怪獸 ▼ 往 左 ▼ 移動 10 點
      當按鈕開關 B ▼ 被 按下 ▼
      執行  綠色怪獸 ▼ 往 右 ▼ 移動 10 點
```

 補 充 說 明

- 一開始先將綠色怪獸定位在舞台的中央（座標為舞台寬度的一半及高度的一半位置）。
- 透過怪獸向左移動或向右移動的積木來移動怪獸。

二 利用開發板（模擬器）左右傾斜

作品說明：利用開發板（模擬器）左右翻轉來控制怪獸向左移動或向右移動。

在積木編輯區完成如下程式（程式 5-2-2）。

使用 模擬器 ▼ 控制
執行 所有怪獸 ▼ 在舞台畫面中 隱藏 ▼
　　 綠色怪獸 ▼ 在舞台畫面中 顯示 ▼
　　 綠色怪獸 ▼ 定位到 x (怪獸舞台的 寬度 ▼ ÷ ▼ 2)
　　　　　　　　 y (怪獸舞台的 高度 ▼ ÷ ▼ 2)
　　 ? 如果開發板 向左翻轉
　　 執行 綠色怪獸 ▼ 往 左 ▼ 移動 10 點
　　 ? 如果開發板 向右翻轉
　　 執行 綠色怪獸 ▼ 往 右 ▼ 移動 10 點

補充說明

❀ 為避免其他怪獸干擾畫面，所以一開始就將其他怪獸隱藏起來，只顯示綠色怪獸。

三 利用開發板的光敏感應器（空氣按鍵）

作品說明：利用開發板的光敏感應器（空氣按鍵）來控制怪獸向左移動或向右移動。

在積木編輯區完成如下程式（程式 5-2-3）。

使用 USB ▼ 控制
執行 設定怪獸舞台為全螢幕
　　 所有怪獸 ▼ 在舞台畫面中 隱藏 ▼
　　 綠色怪獸 ▼ 在舞台畫面中 顯示 ▼
　　 綠色怪獸 ▼ 定位到 x (怪獸舞台的 寬度 ▼ ÷ ▼ 2)
　　　　　　　　 y (怪獸舞台的 高度 ▼ ÷ ▼ 2)
　　 重複無限次，背景執行 ▢
　　 執行 ⚙ 如果 (亮度 左上 ▼ 的數值（流明） < ▼ 10)
　　　　 執行 綠色怪獸 ▼ 往 左 ▼ 移動 10 點
　　　　　　 綠色怪獸 ▼ 說 " 向左移動10點 "
　　　　　　 等待 0.1 秒
　　　　 ⚙ 如果 (亮度 右上 ▼ 的數值（流明） < ▼ 10)
　　　　 執行 綠色怪獸 ▼ 往 右 ▼ 移動 10 點
　　　　　　 綠色怪獸 ▼ 說 " 向右移動10點 "
　　　　　　 等待 0.1 秒
　　　　 綠色怪獸 ▼ 說 " ▢ "

補 充 說 明

❀ 透過「設定怪獸舞台為全螢幕」積木，一開始就把舞台設為全螢幕。

❀ 除了移動外，也利用「說話」積木讓怪獸說說話。

❀ 為避免怪獸移動的太快，加入「等待 0.1 秒」來緩和移動速度。

四 利用電腦的鍵盤

作品說明：利用電腦鍵盤的左右方向鍵來控制怪獸向左移動或向右移動。

在積木編輯區完成如下程式（程式 5-2-4）。

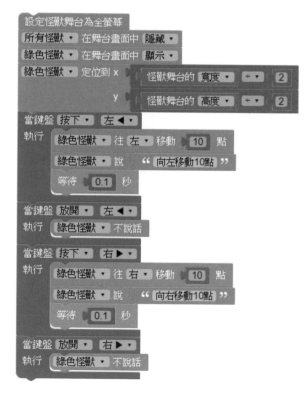

補 充 說 明

❀ 由於這作品沒有用到開發板或模擬器，所以把「Web:Bit 開發板」的積木拿掉。

❀ 使用「偵測鍵盤行為」積木來偵測電腦鍵盤上的左右方向鍵，偵測方式包含「按下」與「放開」兩種。偵測鍵盤行為積木處於隨時偵測的狀態，不需要搭配無限重複迴圈。

❀ 「按下」方向鍵時，怪獸會說話，「放開」按鍵時，怪獸就不會說話了（使用「不說話積木」）。

五 利用怪獸舞台的怪獸當左右鍵

作品說明：利用紅色怪獸當左鍵、黃色怪獸當右鍵，來控制怪獸向左移動或向右移動。

在積木編輯區完成如下程式（程式 5-2-5）。

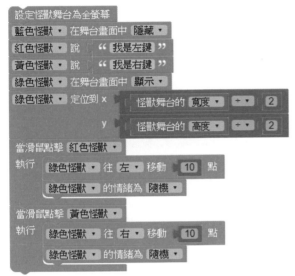

補　充　說　明

- 怪獸也可以當按鍵來使用，是不是很好玩啊！

- 怪獸有正常、開心、驚訝、難過、生氣五種情緒，這邊採用「隨機」，也就是幾乎每移動一次就會改變情緒，變得很有趣。

5.3 內建範例說明

在上一單元中，除了介紹多種控制怪獸的方法外，也介紹了很多怪獸積木的使用，大家是不是還想知道如何去玩怪獸呢？官方在「範例」中提供了很多有趣好玩的小範例，我們來探索看看吧！

一 官方提供的範例

① 點選編輯器上方的「範例」。

② 有 12 個基礎操作範例。

③ 也有 12 個進階控制範例。

二 介紹幾個範例

1 點擊小怪獸就會放大

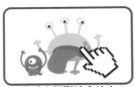

點擊小怪獸就會放大

程式如下：

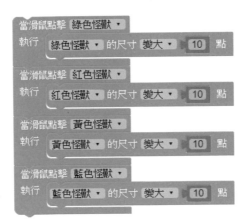

- 使用「尺寸放大縮小」積木可以指定小怪獸改變目前的大小,選項都有放大或縮小。
- 程式可自行做放大或縮小的修改,也可改變放大或縮小的點數。

呈現畫面:

- 對於已改變大小的怪獸,可點選舞台右上角的「回復原始狀況」又回復到原來大小及位置。
- 也可加個下面程式,按空白鍵讓所有怪獸回復到原來大小及位置。

2 小怪獸報時(小時鐘)

小怪獸報時(小時鐘)

程式如下：

😈 「取得目前日期與時間」積木在積木清單的「偵測」內。「時間」積木能夠取得目前的小時、分鐘、秒，小時採用 24 小時計算，如果是下午三點會顯示 15。

😈 因為取得日期和時間的積木「只會取得一次」目前的日期時間，所以如果要持續偵測，可以搭配重複迴圈，每一秒偵測一次時間，執行後就能呈現時鐘效果。

呈現畫面：

😈 紅色怪獸秒數為 0~10 秒間才會講 YAAAAA。

😈 日期和時間的積木所取得的日期和時間其實是取自電腦本身的日期和時間。

想一想？如何用「時間」積木做一個鬧鐘？

在積木編輯區完成如下程式（程式 5-3-1）。

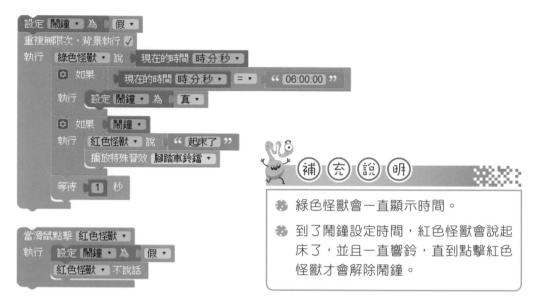

- 綠色怪獸會一直顯示時間。
- 到了鬧鐘設定時間，紅色怪獸會說起床了，並且一直響鈴，直到點擊紅色怪獸才會解除鬧鐘。

呈現畫面：

3 小怪獸上下移動

小怪獸上下移動

程式如下：

❀ 「取得座標和角度」積木能夠讀取小怪獸當前的 X 座標、Y 座標和旋轉角度。

❀ 「改變位置」積木可以指定小怪獸改變目前的位置，選項有往上、往下、往左、往右、隨機或朝向滑鼠方向。

❀ 此程式會讓綠色怪獸在 y 座標 50 與 150 間上下移動。

呈現畫面：

4 小怪獸跟著滑鼠移動並旋轉

小怪獸跟著滑鼠移動並旋轉

程式如下：

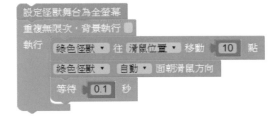

❀ 「改變位置」積木可以指定小怪獸改變目前的位置，選項有往上、往下、往左、往右、隨機或朝向滑鼠方向。如果使用無線重複的積木，搭配「朝著滑鼠位置」的設定，就能夠讓小怪獸追著滑鼠移動。

❀ 「自動面朝滑鼠方向」積木能讓小怪獸轉到滑鼠所在的方向，有自動和停止兩個選項，預設並不會面朝滑鼠。

❀ 簡單的兩三列程式，怪獸就會一直跟著滑鼠移動並旋轉，真好玩！

經過這幾個範例的介紹後，是不是對怪獸舞台有更進一步的認識了？其他沒有介紹的範例，也要自己利用時間去自學！

5.4 音效及語音之應用

一 Web:Bit 特殊音效

Web:Bit 教育版預設三十幾種特殊音效,裡頭包含了動物音效、環境音效、人類生活音效…等,藉由不同音效和小怪獸、開發板的互相搭配,就能實現許多豐富的生活情境。

1 認識「特殊音效」積木

「特殊音效」積木在積木清單的「語音 & 音效」內,分成三個項目,分別是動物、人聲和特殊音效。

播放動物音效 貓 ▼	播放人聲音效 打噴嚏 ▼	播放特殊音效 答對了 ▼
✓ 貓	✓ 打噴嚏	✓ 答對了
狗	笑聲	清脆的咚
獅子	咳嗽	清脆的嗶
山羊	親吻	電子的嘟聲
大象	鼓掌	擊打聲
公雞	哭聲	鏘的一聲
小雞	打嗝	雷射光
鴨子	放屁	門鈴的叮咚
烏鴉	吹口哨	骰子聲
猴子	鼾聲	水中泡泡
青蛙	嘆氣	汽車喇叭
老鼠	嚇一跳	吃金幣
豬	隨機	彈跳
隨機		陣亡了
		腳踏車鈴鐺
		隨機

2 點擊小怪獸發出音效

搭配點擊小怪獸的積木，執行後，用滑鼠點擊小怪獸就會發出對應的特殊音效。

在積木編輯區完成如右程式（程式 5-4-1）。

用滑鼠點擊小怪獸就會發出對應的特殊音效。

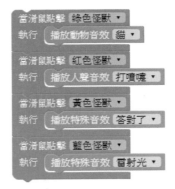

二 Web:Bit 語音朗讀

語音朗讀是透過電腦的語音合成器，唸出我們指定的語言，Web:Bit 教育版的語音朗讀可以輕鬆做出語音報時器、語音通知、語音對話…等創意應用，更可以調整語音的速度和音調，變化出許多有趣的花樣。

1 認識「語音朗讀」積木

「語音朗讀」積木在積木清單的「語音＆音效」內，包含三種語言（中文、英文或日文），五種音調和五種速度。

🐛 語音朗讀積木屬於「執行完成才會繼續執行後方程式」的類型（點擊前方問號小圖示會提示），當程式中使用了語音朗讀積木，朗讀結束後才會接著執行其他程式，使用上要特別注意。

② 請怪獸說出輸入的中文字

作品說明：請先輸入一段中文字後，點擊前三隻的小怪獸會分別唸出不同音調及速度等剛剛輸入的文字。

在積木編輯區完成如下程式（程式 5-4-2）。

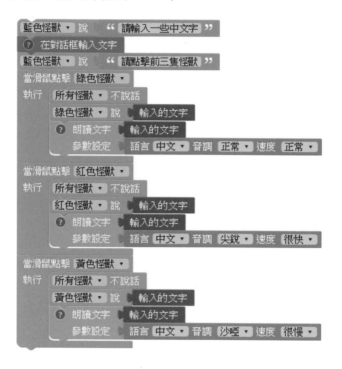

補 充 說 明

- 利用「在對話框輸入文字」的積木來輸入中文字，「在對話框輸入文字」積木在積木清單的「偵測」內。

- 透過「在對話框輸入文字」積木輸入的內容會存在「輸入的文字」積木內。

呈現畫面：

3 我會說英語及日語

作品說明：點擊前三隻的小怪獸會分別唸出中文、英文及日文的「我是學生」的語音。

在積木編輯區完成如下程式（程式 5-4-3）。

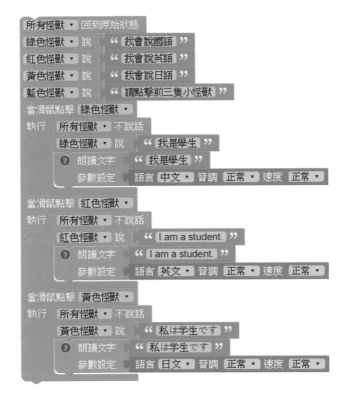

🐾 朗讀文字目前只支援中文、英文、日文。

🐾 可利用 Google 的「翻譯」將中文翻譯成日文或英文字。如下，在左方輸入中文字，右方選擇要翻譯的語言，就會把中文翻譯成想要的語言文字（如下圖）。

🐾 因為授權的關係，安裝版用的是微軟的語音引擎，支援的語言與系統設定有關。如果是用 chrome 開啟網頁版，用的是 Google 的語音引擎，中英日都內建支援。所以如果無法發出正確的語言聲音，請利用 Chrome 瀏覽器開啟網頁版來執行。

呈現畫面：

4 大家來演戲

利用以下的小笑話，請怪獸們來演戲，ACTION ！

旁白：小明的媽媽要小明去幫忙買雞蛋。

媽媽說：小明，你去幫媽媽買雞蛋。

小明說：等一下！

媽媽說：等什麼等？我自己出去買算了！

小明說：太好了，我就是等你這句話！

在積木編輯區完成如下程式（程式 5-4-4）。

程式 5-4-4

補 充 說 明

🦠 除了朗讀文字外，也加入移動、情緒表情、動作，讓整齣戲更活潑有趣。

☰ Web:Bit 語音辨識

隨著科技的技術日新月異，過去在行動裝置才能使用的語音辨識功能，如今 Web:Bit 編輯器也能完整實現，Web:Bit 結合 Google 語音辨識的技術，如果電腦有麥克風，就能輕鬆做出「Hey Siri」或「OK Google」的有趣聲控效果。

1 認識「語音辨識」積木

「語音辨識」積木可以分別識別中文和英文的語言，無法進行中英文夾雜的混合辨識。

語音辨識積木屬於「執行完成才會繼續執行後方程式」的類型（點擊前方問號小圖示會提示），每段語音辨識時間為兩秒，辨識後才會繼續執行後方的程式。

2 透過小怪獸顯示語音辨識文字

進行語音辨識之後，就能使用「辨識的文字」積木，下圖的範例會在語音辨識後，讓小怪獸講出辨識的文字（程式 5-4-5）。

補 充 說 明

- 僅支援 Chrome 瀏覽器或 Android 手機,執行時會要求使用麥克風的權限。

- 桌上型電腦要外接麥克風的設備才能使用,筆記型電腦有內建麥克風,可直接使用。本例採用筆記型電腦利用 Chrome 瀏覽器來執行。

呈現畫面:

對著筆記型電腦說「大家好」。

③ 利用語音控制小怪獸

前面教過利用各種方式控制小怪獸的左右移動,在此又多了一種方法,利用語音來控制。

在積木編輯區完成如下程式（程式 5-4-6）。

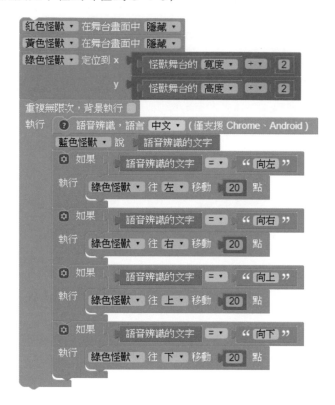

呈現畫面：

四 練習題

請自創音效及語音之應用，如演出一齣戲、相聲或播報一則新聞。

 與怪獸共舞數理解題篇

怪獸舞台的設置除了可以控制怪獸及與怪獸互動外，也可以有不一樣的應用，像本章的數理解題及下一章的遊戲設計，就是怪獸舞台的進階表現。這數理解題過程就是運算思維中的「演算法設計」，好的「演算法」是解題關鍵，所以在此是學習運算思維的最佳機會。

6.1 猜數字遊戲

這是一個與怪獸（電腦）玩猜數字的遊戲，遊戲玩法是怪獸會先準備一個隨機數字來讓你猜，然後會告訴你猜的數字太大或太小，一直到你猜對正確的數字為止，並告訴你答對了及一共猜了幾次！想一想要如何設計這個數理解題的演算法呢？

一 設計構想

每個人可能有不同的設計構想：

①　利用兩隻怪獸一問一答的方式進行這遊戲。（隱藏其他怪獸）。

②　先請電腦隨機出一個介於 1~99 的數字，並利用變數存放這個數字。

③　綠色怪獸發問：請輸入一個 1 到 99 的數字。

④　然後請玩家輸入一個介於 1~99 的數字。

⑤　紅色怪獸回答：我猜的數字是 XX。

⑥　電腦將玩家（紅色怪獸）猜的數字與電腦出的數字做比較。

⑦　並請綠色怪獸告知玩家（紅色怪獸）輸入的數字比電腦出的數字大還是小。

⑧　重複 4~7 的步驟，直到玩家（紅色怪獸）猜對數字，綠色怪獸會告知答對了及一共猜了幾次。

二 編輯程式

根據以上的設計，在積木編輯區完成如下程式（程式 6-1-1）：

設定 電腦出的數字 ▾ 為 取隨機整數介於 1 到 99
設定 猜的次數 ▾ 為 0
設定 是否繼續猜 ▾ 為 真 ▾
黃色怪獸 ▾ 在舞台畫面中 隱藏 ▾
藍色怪獸 ▾ 在舞台畫面中 隱藏 ▾
綠色怪獸 ▾ 定位到 x 100 y 200
綠色怪獸 ▾ 說 " 請輸入一個1到99的數字 "
紅色怪獸 ▾ 定位到 x 300 y 150
如果 是否繼續猜 ▾ 就重複無限次，背景執行
執行 ❓ 在對話框輸入文字
　　猜的次數 ▾ 改變 1
　　紅色怪獸 ▾ 說 ⚙ 建立字串 " 我猜的數字是 "
　　　　　　　　　　　　　　 輸入的文字
　　⚙ 如果 輸入的文字 > ▾ 電腦出的數字 ▾
　　執行 綠色怪獸 ▾ 說 " 你猜的數字太「大」了，請重猜 "
　　否則如果 輸入的文字 < ▾ 電腦出的數字 ▾
　　執行 綠色怪獸 ▾ 說 " 你猜的數字太「小」了，請重猜 "
　　否則 綠色怪獸 ▾ 說 ⚙ 建立字串 " 答對了，你一共了猜了 "
　　　　　　　　　　　　　　　　　 猜的次數 ▾
　　　　　　　　　　　　　　　　　 " 次 "
　　　　設定 是否繼續猜 ▾ 為 假 ▾

 補 充 說 明

- 一共新增了三個變數，分別是「電腦出的數字」（隨機取數）、「猜的次數」（初始值為 0）、「是否繼續猜」（布林變數）。

- 利用「在對話框輸入文字」的積木輸入猜測的數字，「在對話框輸入文字」積木在積木清單的「偵測」內。

- 透過「在對話框輸入文字」積木輸入的內容會存在「輸入的文字」積木內。

- 「判斷為真，就重複無限次」的積木在積木清單的「重複」內，此積木等同於「重複無限次」積木加上「邏輯」判斷，只要空格內的邏輯判斷為「真」（true），就會進行無限重複。如果猜對，「是否繼續猜」變成「假」，就會跳出迴圈，不再重複執行。

三 試玩看看

遊戲畫面：

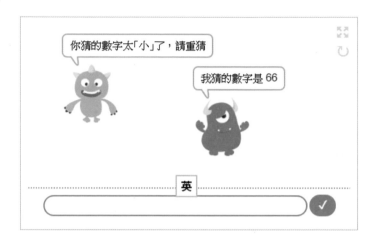

測試後發現，原本以為完美無缺的程式，竟然有 Bug 存在！不知大家有沒有發現？

> 🌀 程式錯誤（英語：Bug），是程式設計中的術語，是指在軟體執行中因為程式本身有錯誤而造成的功能不正常、當機、資料遺失、非正常中斷等現象。有些程式錯誤會造成電腦安全隱患，此時叫做漏洞。（以上資料取自維基百科）。

當我們在上面遊戲中，隨便輸入一個英文字，就得到如下的結果，可見得程式有Bug。

四 修補程式

由於我們在判斷大小時，只用比較大、比較小或其他，但沒有考慮到可能有人會輸入文字來惡搞，因此再增加一個等於的判斷來修補此 Bug，如下（程式 6-1-2）。

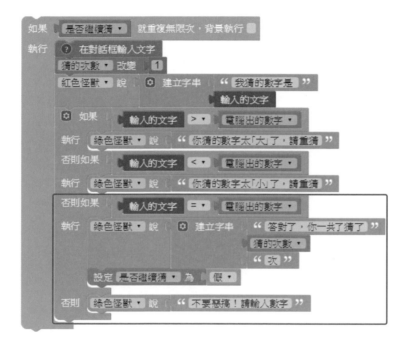

五 增加功能

上面所完成的程式，只是最陽春、最基本型的，下面增加了語音與音效，讓遊戲有更人性的互動及趣味。增加的部份內容如下（程式 6-1-3）。

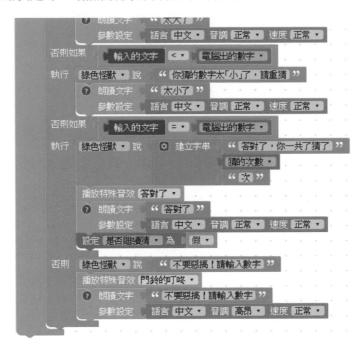

 補 充 說 明

- 增加「朗讀文字」積木來增加人性互動。
- 增加「播放特殊音效」積木來增加趣味。

另外，由於這遊戲強調在數理上的應用，如果想要把猜過的數字也列出來，這要如何做呢？在本章後面會介紹「陣列」，利用「陣列」就可以輕易做到了。

利用本猜數字遊戲，筆者最常利用「二分搜尋法」（或二分搜索算法 binary search algorithm）來猜數字，也就是第一次猜的數字是 50（1 到 100 的一半），如果太大了，接下來就猜 25（1 到 50 的一半），如果又太小了，接著猜 37 或 38（25 到 50 的一半），直到猜到為止，這就是「二分搜尋法」，也是常見的搜尋演算法的一種。

6.2 求一個數的所有位數和的演算法

這題目就是第四章介紹運算思維時演算法設計的例子，那時介紹了兩種演算法，由於第一種方法要先取得此數究竟有多少位數，第二種方法不用，所以第二種是更有效率的方法，因此採用第二種演算法來解題！。

一 設計構想

① 利用兩隻怪獸一問一答的方式來呈現結果。（隱藏其他怪獸）。

② 一開始請先輸入一個數字。

③ 採用第二種演算法，是把這個數字除以 10，取得商及餘數，這個餘數就是個位數的值，然後再把商再除以 10，又取得另一個商及另一個餘數，這算出來的餘數就是十位數的值…以此類推，就可以把所有位數的值都算出來了。

二 編輯程式

根據以上的想法，在積木編輯區完成如下程式（程式 6-2-1）：

補 充 說 明

- 一共新增了三個變數，分別是「各位數的總和」（初始值為 0）、「除以十的商」、「各位數的值」。
- 一樣利用「在對話框輸入文字」的積木來輸入數字。
- 一樣利用「判斷為真，就重複無限次」的積木，做除以十得餘數及商的重複動作，直到商為 0 就跳出迴圈，執行迴圈後面的程式。
- 除以 10 取得的值，如果非整除時，會有小數產生，因此將此值的小數部份無條件捨去後，這就是商。
- 所得到的餘數就是各個位數的值。

三 執行看看

呈現畫面：

補 充 說 明

- 以上程式經測試後，發現在 16 位數以內的數都可以正確的求出結果來，但超過 16 位數以後，算出來的結果就不正確了。這是因為所有的程式語言裡，都會限制可使用的數字範圍，Web:Bit 所使用的 Javascript 最大可以表示 2 的 53 次方，就是 9,007,199,254,740,992，超過的話就會錯誤，這是電腦運算的極致，所以不算是 Bug。其實，還可以利用「陣列」的方式來突破這限制，是不是很期待呢？等到本章後面教到陣列時再分曉了。

四 增加功能

以上為最基本型的程式,同樣可以利用加入語音朗讀的方式,讓整個程式的呈現過程更有親切感。(程式 6-2-2)。

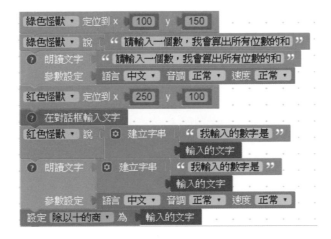

6.3 求三位數的水仙花數

這也是利用電腦來幫我們解題的一個作品,所謂「水仙花數」是指一個數,其各個位數字立方和等於該數本身,例如 153 是一個「水仙花數」,因為 153 = 1 的三次方 + 5 的三次方 + 3 的三次方。所以,請設計一個程式,來求得三位數的所有水仙花數!想一想要如何設計這個數理解題的演算法呢?

一 設計構想

① 演算法之暴力破解法(窮舉法)是解題時常用的作法之一,雖然有時沒有效率,但也不失為一種方法。

② 這邊採用「窮舉法」來解題,因為只有三位數,也就是從 100 開始去算,看它符不符合「水仙花」,再來 101…,一直算到 999 結束,這樣就可以把三位數的水仙花數全部找出來了。

③ 另外,由於解此題時需要知道這數的個位數、十位數、百位數及這數的值,因此採用下面兩種方法來計算。

● **方法一**:設有三個變數分別為百位數、十位數及個位數,再來組合出所有的三位數,並判斷是否符合水仙花數?

● **方法二**:只有設一個變數,這變數從 100 跑到 999,計算時要先求出這個數的百位數、十位數及個位數,並判斷是否符合水仙花數?

二 編輯程式

根據以上的想法，在積木編輯區完成如下程式。

利用方法一的程式 程式 6-3-1

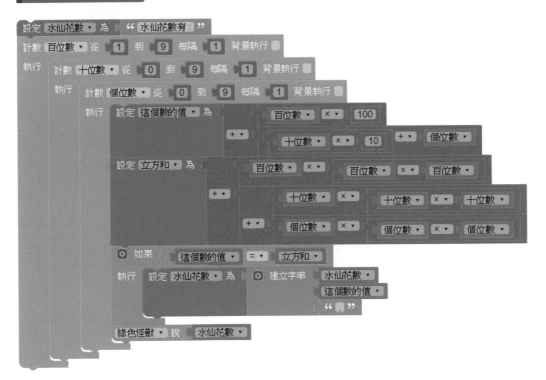

 補 充 說 明

🌸 利用三個迴圈（這也是巢狀迴圈的一種）來組合成從 100 到 999 的所有三位數。

🌸 為避免積木拉的太長，影響觀看，上面很多積木都採用「多行輸入」的方式來往下排列，以減少積木的長度。

利用方法二的程式 ▶ 程式 6-3-2

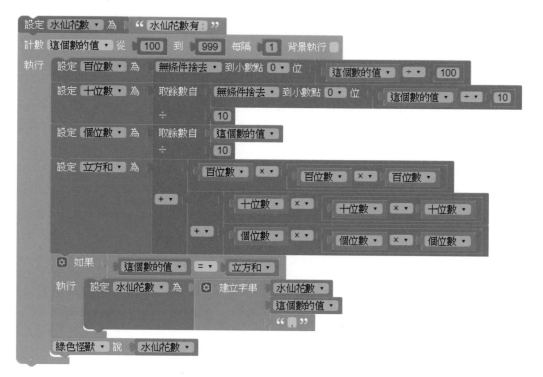

 補 充 說 明

👾 這邊求個位數、十位數、百位數的方法與上個單元求各個位數值的方法一樣。

三 顯示結果

水仙花數有：153,370,371,407,

6.4 陣列的使用

在第四章介紹運算思維時，知道「資料表示法」（Data representation）是用適合的圖表、文字或圖片等表達與組織資料。而且要有好的表示法及演算法才能解決問題，可見「資料表示法」的重要。而「陣列」的呈現也是一種資料表示法，因此「陣列」的使用對於數理解題有很大的幫助，先來認識「陣列」吧。

一 認識陣列

① 在電腦科學中，陣列資料結構（array data structure），簡稱陣列（Array），陣列可以將數字、文字、陣列或變數，按照順序組合起來，這些按序排列的資料集合就稱作陣列，一個陣列內還可以包含其他陣列。

② 一維陣列可以說是變數的延伸，將同性質的變數可整理成一個陣列，例如計算學生各科成績時，可以用如下兩種表示法來計算。

「變數」表示法	「一維陣列」表示法	數值
國語	成績（0）	95
數學	成績（1）	85
自然	成績（2）	90
社會	成績（3）	100
…	…	…

二 認識陣列積木

陣列積木包含建立陣列、建立空陣列、使用文字建立陣列、陣列取值、陣列編輯⋯
等常用功能。

三 一維陣列的使用

1 一維陣列的建立

一維陣列是資料呈現方式為單一維度，也就是單變數的序列資料，利用下面方式來
建立一個一維陣列。

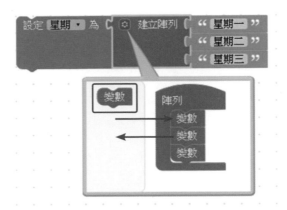

 補 充 說 明

利用上圖變數的左右移動，來增加或減少陣列的項目，完成如下圖的一星期的一維陣列。

2 利用一維陣列來儲存歌曲資料（音階及拍子）

還記得在第三章介紹蜂鳴器時，根據小蜜蜂的譜輸入了音階及拍子，並演奏出小蜜蜂的音樂。在此建立兩個一維陣列來分別存放小蜜蜂的音階及拍子的資料，最後把音樂播放出來。

在積木編輯區完成如下程式（程式 6-4-1）：（只完成第一列的譜）。

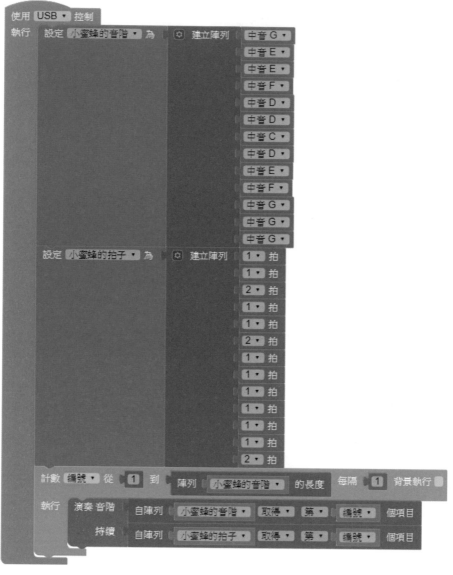

    補 充 說 明

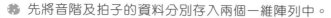

- 先將音階及拍子的資料分別存入兩個一維陣列中。

- 利用計數迴圈來從頭到尾讀出兩個陣列的值來,重複次數為「陣列的長度」。

- 在演奏音階積木上按右鍵選「多行輸入」,把原本很長的程式分成多行呈現。

四 二維陣列的使用

二維陣列使用陣列名稱與兩個索引值來指定存取陣列元素，其宣告方式與一維陣列類似，是陣列內有其他陣列。同樣我們利用二維陣列來儲存小蜜蜂的歌曲資料（音階及拍子），並播放出音樂來。

在積木編輯區完成如下程式（程式 6-4-2）：（只完成第一列的譜）。

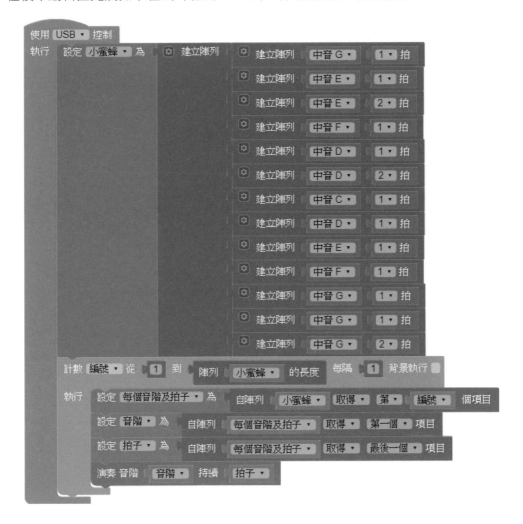

補 充 說 明

😊 先將音階及拍子的資料存入一個二維陣列中。

😊 利用計數迴圈來從頭到尾讀出二維陣列內的每一個陣列的值,再來分別取出音階及拍子的資料來,重複次數為二維陣列的長度。

😊 我們也可將原本多行呈現的程式改成單行呈現,讓程式看起來更精簡,在下圖的建立陣列的積木上按右鍵,點選「單行輸入」即可。

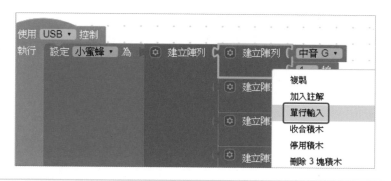

五 採用陣列來求一個數的所有位數和

第 6.2 單元的求一個數的所有位數和中，那時的演算法是以「數」的方式來看待輸入的數字，那可不可以用「文字」的方式來看待輸入的數字呢？

1 設計構想

❶ 把這個數看成「文字」，拆開後一個一個按順序放進「陣列」中。

❷ 然後再取出陣列的這些文字轉為數字後再加在一起。

2 編輯程式

在積木編輯區完成如下程式（程式 6-4-3）：

```
重複無限次，背景執行
執行  綠色怪獸 說 " 請輸入一個數字，紅色怪獸會算出所有位數的和 "
        ? 在對話框輸入文字
      設定 文字陣列 為 在 輸入的文字 用分隔符 " " 把文字拆成陣列
      設定 各位數的總和 為 0
      取出每個 i 自陣列 文字陣列 背景執行
      執行 各位數的總和 改變 i × 1
      紅色怪獸 說 各位數的總和
```

補 充 說 明

- 利用「分隔符為「空白」把文字拆成陣列」的積木，就是把文字拆成陣列。
- 再利用「取出每個」的積木，將每個陣列內的「文字」取出。
- 利用「文字 ×1」的方式，將文字轉變為數字。
- 利用此方法不受 16 位數的限制，超過 16 位數的數，也能成功求得解。
- 透過另一種思維（把數字看成文字），得到更簡單的演算法。

6.5 大樂透開獎了

這單元要做模擬大樂透開獎方式的作品，大樂透是一種樂透型遊戲，必須從 01~49 中任選 6 個號碼來投注，開獎時會開出 6 個中獎號碼，並按照開出順序及大小順序來公布中獎號碼。其實這作品最主要是要介紹排序的演算法，想一想要如何設計排序的演算法呢？

一 設計構想

① 由於已經學會了「陣列」的使用，因此利用一個一維陣列來存放按開獎順序開出的中獎號碼。所以一開始先宣告一個「空陣列」來準備存放資料。

② 接下來利用隨機取數的方法，隨機從 1 到 49 中取出一數來，並存放在變數中。

③ 將隨機取到的數按順序存放到陣列中，但需要把重複的數字給踢除掉。

④ 等陣列中取到了 6 個數字後，就停止取數。

⑤ 最後將陣列中的值顯示出來，這就是按開獎順序所得到的中獎號碼。

⑥ 將開獎順序做「排序」，所得到的就是按大小順序的中獎號碼。

二 請 4 隻怪獸說出中獎號碼

1 在積木編輯區完成如下程式

這程式是利用 4 隻怪獸分別讀出按開獎順序的中獎號碼（程式 6-5-1）。

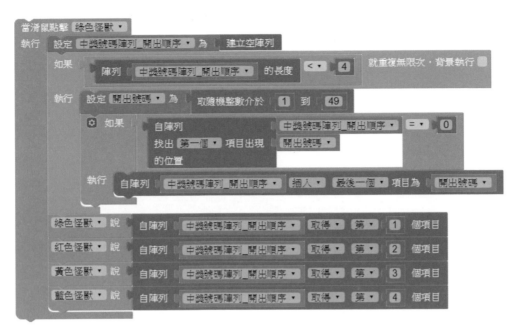

- 因為怪獸只有 4 隻，所以就只有先取 4 個不重複的數字。

- 利用「取得陣列內容」積木能從一個陣列中，找到特定元素所在的位置，並回傳該位置的號碼。如果陣列中有同樣的數字，就會傳回這數字所在的位置號碼，如果陣列中沒有同樣的數字，所傳回的值是 0。如果取得的值是 0，就代表陣列中沒有與此數相同的數字。

- 當陣列中沒有重複的數字時，利用「設定陣列內容」積木將此數字插入到陣列的最後一個位置。

- 最後再利用「取得陣列內容」積木，讓 4 隻怪獸取得陣列內容，並說出數字來。

- 點擊綠色怪獸會一直開獎。

2 顯示結果

三 請一隻怪獸說出 6 個中獎號碼

程式同上，只修改最後的呈現方式（程式 6-5-2）。

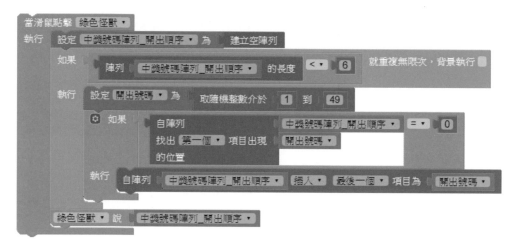

    補 充 說 明

😈 透過怪獸說出陣列，會把陣列的內容全部顯示出來，陣列內容會用半型逗號分隔。

呈現結果：

四 請兩隻怪獸分別說出依開出順序及大小順序的 6 個中獎號碼

將上面程式再做加上陣列「升序」排序來完成按大小順序的呈現（程式 6-5-3）。

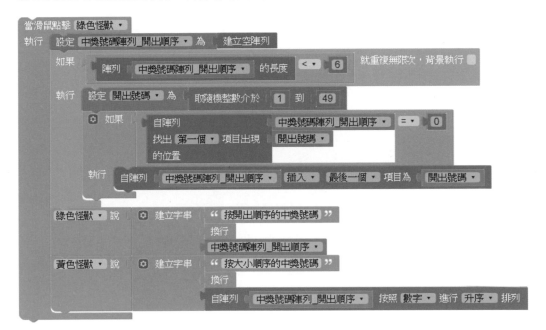

利用「陣列排序」積木來將指定的陣列做字母、數字的排序，排序後會形成一個新的陣列，不會影響原本陣列的排序。Web:Bit 編輯器真的很強，把原本複雜的排序功能，用一個排序積木就解決了。

呈現結果：

五 排序的演算法

由上可知 Web:Bit 編輯器已有排序積木，可透過排序積木很快的進行資料排序。但一般常見的排序演算法，如下圖所示。

先第 1 個號碼按順序與其他 5 個號碼比較，如果比較小就排回第 1 位。

再來先第 2 個號碼按順序與其他 4 個號碼比較，如果比較小的就排回第 1 位。

- 先將第 1 個數字按順序與後面其他數字做比較，如果比較小的就排回第 1 位。

- 接下來換第 2 個數字按順序與後面其他數字做比較，如果比較小的就排回第 2 位。

- 以此類推，第 3 位、第 4 位…數字按順序與後面其他數字做比較，如果比較小的就排回該位。

- 等全部數字都比較完後，就完成由小到大的排序了。

以下利用「開出順序」的陣列排序出「大小順序」的陣列的方法。

1 方法一

根據上面的演算法，在積木編輯區完成如下程式（程式 6-5-4）。

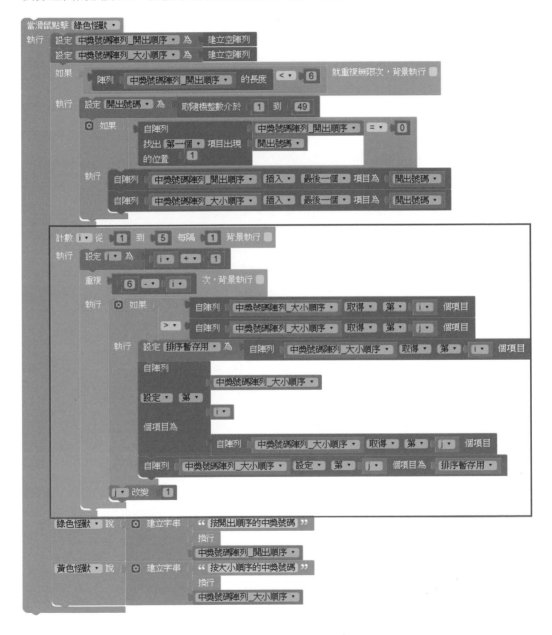

補 充 說 明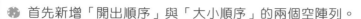

❀ 首先新增「開出順序」與「大小順序」的兩個空陣列。

❀ 紅框處就是排序的演算法，先將第 1 個數字按順序與後面其他數字做比較，如果比較小的就排回第 1 位…。

2 方法二

直接用排序積木來完成排序工作（程式 6-5-5）。

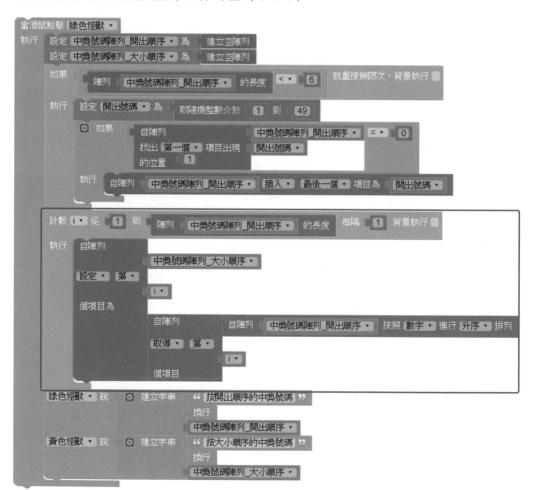

🍪 直接將升序排序的數字，存進「大小順序」的陣列中，如紅框處，排序是不是變簡單了！

呈現結果：

按開出順序的中獎號碼
47,36,15,17,41,43

按大小順序的中獎號碼
15,17,36,41,43,47

六 多練習

多練習一些數理解題的題目，對你的運算思維會很有幫助，至於要練習什麼呢？這邊建議大家們可以到網路上找類似「C 語言 經典範例 100 個」的題目，如下，然後改用 Web:Bit 編輯器去解題，假以時日，你的運算思維能力必定大增。

● 有 1、2、3、4 個數字，能組成多少個互不相同且無重複數字的三位元數？都是多少？

● 一個整數，它加上 100 後是一個完全平方數，再加上 168 又是一個完全平方數，請問該數是多少？

● 輸入某年某月某日，判斷這一天是這一年的第幾天？

 與怪獸共舞遊戲篇

怪獸舞台除了可以與小怪獸互動及解題外,也可以
透過大舞台來玩遊戲,是不是很期待呢?趕快來看
一看有哪些遊戲可以玩?

7.1 怪獸賽跑遊戲

這是一個按按鍵比賽的遊戲,透過按按鍵讓怪獸往前移動來決定勝負的遊戲,請大家先想一想要如何設計這個遊戲呢?

一 先想一想

① 如何透過按 A 鍵及 B 鍵,讓比賽的兩隻怪獸往前移動?

② 最先達到目標者為贏家,如何當有人到達目標後,按鍵就失去作用?

二 按開發板的 A 鍵讓綠色怪獸往前移動

在積木編輯區完成如下程式:

```
使用 模擬器 ▼ 控制
執行    設定怪獸舞台為全螢幕
        更換怪獸舞台背景圖片為 " http://gg.gg/webbit_run "
        綠色怪獸 ▼ 定位到 x 115 y 445
        紅色怪獸 ▼ 定位到 x 115 y 220
        黃色怪獸 ▼ 說 " 按我重玩! "
        設定 開關 ▼ 為 真 ▼
        當按鈕開關 A ▼ 被 按下 ▼
        執行 ⚙ 如果 開關
             執行 綠色怪獸 ▼ 往 右 ▼ 移動 40 點
                  ⚙ 如果 綠色怪獸 ▼ 的 x座標 ▼ ≥ ▼ 800
                  執行 綠色怪獸 ▼ 說 " 我贏了! "
                       設定 開關 ▼ 為 假 ▼
```

補 充 說 明

- 為讓遊戲品質更高，舞台通常會設定為全螢幕。
- 為讓舞台更逼真，透過「更換舞台背景圖片」的積木，加入跑道圖片當舞台背景，提供此圖片的網址：http://gg.gg/webbit_run。
- 指定兩隻比賽怪獸先到起跑位置。
- 新增一個名為「開關」的布林變數，控制如果有一方到了，按鍵就沒有作用了。
- 每按一次 A 鍵，綠色怪獸會往右移動 40 個像素。
- 哪一隻怪獸的 X 座標最先到達 800 像素就贏了。

再加上按 B 鍵及重玩的程式，完整程式（程式 7-1-1）。

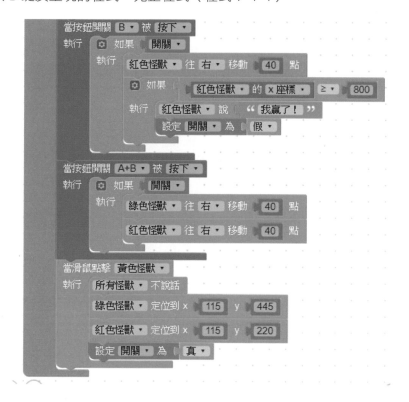

 補 充 說 明

- 按 B 鍵讓紅色怪獸往前跑的程式同上。

- 測試時，發現若兩鍵同時按下時，怪獸反而不會動，因此再加上按 A+B 鍵時，兩隻怪獸同時往前移動。

- 當滑鼠點擊黃色怪獸時，比賽怪獸再重回起跑線，而且把控制按鍵的「開關」打開。

- 整個遊戲設計是不是很簡單啊！如果有四個人要比賽，可以改用按電腦鍵盤的鍵來比賽。

三 遊戲畫面

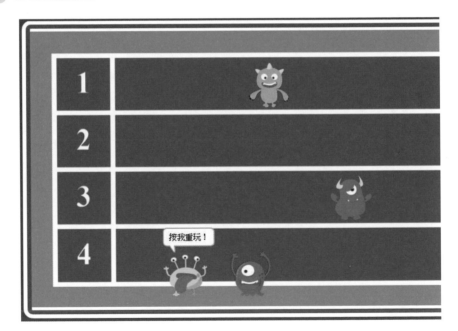

7.2 打怪獸遊戲

這是一個類似打老鼠的常見遊戲，舞台上的四隻小怪獸就是我們打擊的目標，首先讓小怪獸在舞台上到處奔跑，然後玩家利用滑鼠去點擊怪獸，如果點擊到怪獸，就好像打到怪獸一樣，怪獸會發出叫聲、並且死亡（隱藏），而玩家可獲得一分，等到預設時間到，就結束遊戲。請大家先想一想要如何設計這個遊戲呢？

一 先想一想

1 如何讓怪獸在舞台上到處亂跑。

2 如何設定時間倒數，並且時間一到就結束遊戲。

3 如何讓滑鼠點擊到怪獸，就發出叫聲、隱藏及得 1 分。

二 怪獸到處跑

所謂到處跑，就是一開始就隨機出現在舞台上的任何地方，行進時不要有固定方向，移動的距離也不要有固定大小，根據以上的想法，在積木編輯區完成如下程式（程式 7-2-1）。

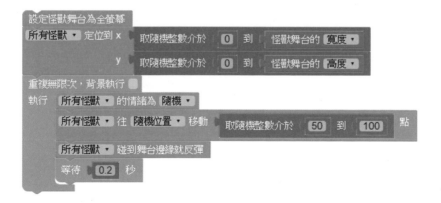

補 充 說 明

❀ 先設定怪獸舞台為全螢幕。

❀ 讓所有怪獸隨機出現在舞台上的任何地方。

- 讓所有怪獸的情緒設為隨機。
- 讓所有怪獸往隨機的方向 50 點到 100 點像素。
- 設定所有怪獸碰到舞台邊緣時就反彈。

三 請怪獸告知得分及倒數時間

舞台上除了讓怪獸說話外，沒有其他可以顯示訊息的地方，因此請綠色怪獸告知目前的得分，請紅色怪獸告知倒數時間還有多少？並將兩者與上面怪獸到處跑的程式結合在一起，如下（程式 7-2-2）。

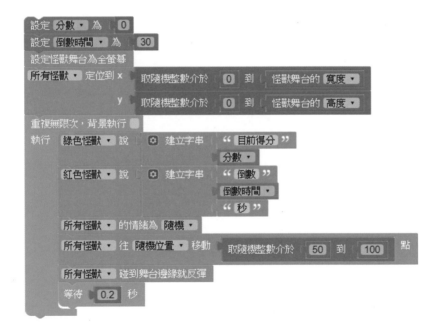

補 充 說 明

- 加入「分數」及「倒數時間」兩個變數，分數的初始值為 0，倒數時間的初始值為 30，也就是遊戲可以玩 30 秒。
- 並讓綠色怪獸隨時說出目前的分數，紅色怪獸隨時說出倒數時間。

四 加入倒數時間程式及時間結束時的畫面

當時間結束，也就是倒數時間為 0 時，就要停止遊戲的進行，並顯示結束畫面，再結合上面的程式，整合如下（程式 7-2-3）。

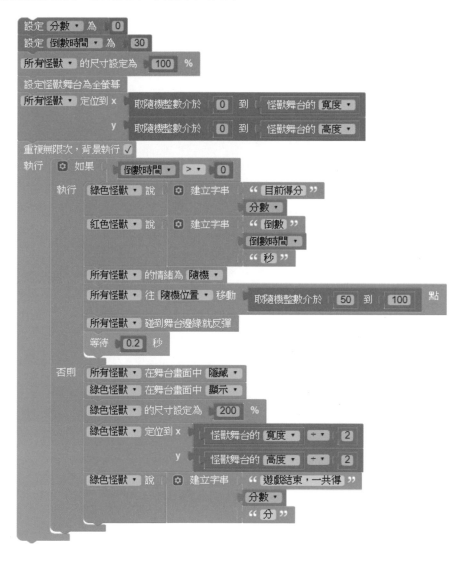

補 充 說 明

😈 再獨立出一個「重複無限次」的積木來計算倒數時間，所以現在有兩個「重複無限次」的積木在執行，因為後面還有點擊怪獸的程式要在枱面上進行，所以這兩個「重複無限次」的積木都要在背景執行。

😈 如果倒數時間為 0 時，隱藏所有怪獸，只留放大一倍的綠色怪獸在舞台中央來告知最後的得分。

五 怪獸被打到得分的程式

利用滑鼠點擊到怪獸代表打到怪獸，打怪獸遊戲完整程式於程式 7-2-4。

補 充 說 明

- 上面這些積木可以彼此分開也可集合在一起。

- 當怪獸被滑鼠點擊到時，會隨機發出一音效，會加 1 分，並且隱藏 1 到 3 秒後才又顯示出來。

- 綠色怪獸多一層「倒數時間大於 0」的控管是因為時間結束後它還會存在畫面上來報得分，多這層控管就是這時去點擊它分數也不會增加。

六 遊戲畫面

7.3 接怪獸遊戲

這是一個類似猴子接香蕉的常見遊戲，舞台上的四隻小怪獸，讓綠色怪獸在舞台下方左右移動來接從舞台上方落下的其他三隻怪獸。當綠色怪獸接到其他怪獸時，一樣會發出音效，得 1 分，掉下來的怪獸隱藏消失。請大家先想一想要如何設計這個遊戲呢？

一 先想一想

① 如何讓綠色怪獸在舞台下方左右移動，這邊先採用開發板的 A 鍵及 B 鍵來控制。

② 如何讓其他怪獸從天而降呢？

③ 如何讓綠色怪獸接到其他怪獸時，就發出叫聲、隱藏及得 1 分。

④ 如何設計遊戲結束的方式。

二 控制綠色怪獸左右移動

綠色怪獸在舞台下方的中心位置，按開發板的 A 鍵時，綠色怪獸往左移，按 B 鍵時，綠色怪獸往右移（程式 7-3-1）。

```
設定 分數 ▼ 為 0
設定怪獸舞台為全螢幕
所有怪獸 ▼ 在舞台畫面中 隱藏 ▼
綠色怪獸 ▼ 在舞台畫面中 顯示 ▼
所有怪獸 ▼ 的尺寸設定為 100 %
```

三 紅色怪獸由上往下掉移動

紅色怪獸由上往下移動的程式（程式 7-3-2）。

```
重複無限次，背景執行
執行 紅色怪獸 ▼ 在舞台畫面中 隱藏 ▼
    紅色怪獸 ▼ 定位到 x 取隨機整數介於 1 到 怪獸舞台的 寬度 ▼
                   y 怪獸舞台的 高度 ▼
    等待 取隨機整數介於 1 到 3 秒
    紅色怪獸 ▼ 在舞台畫面中 顯示 ▼
    重複 怪獸舞台的 高度 ▼ ÷ ▼ 10 次，背景執行
    執行 紅色怪獸 ▼ 往 下 ▼ 移動 10 點
         等待 0.1 秒
```

    補 充 說 明

- 先讓紅色怪獸出現在舞台上方的任何位置。
- 隨機等待 1~3 秒是為了避免所有怪獸同時間落下。
- 怪獸落下時執行的次數就是舞台高度除以每次落下的距離。
- 預設每次落下的距離為 10 像素，可改變此值來改變怪獸落下的速度。

四 如果綠色怪獸碰到紅色怪獸

如果綠色怪獸碰到紅色怪獸,或紅色怪獸碰到綠色怪獸,代表被接到了(程式 7-3-2)。

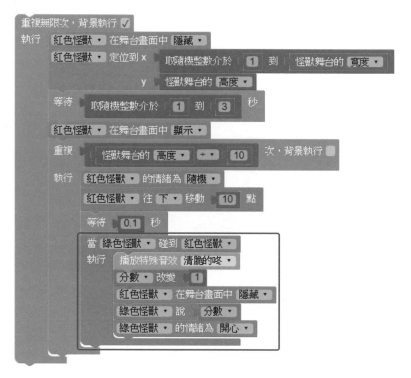

補 充 說 明

❀ 紅框處就是綠色怪獸接到紅色怪獸,會發出聲音、分數加1及紅色怪獸消失 (隱藏)。

❀ 接著完成黃色怪獸、藍色怪獸的同樣程式(程式 7-3-3)。

五　遊戲結束

遊戲結束的方式常見有下面兩種。

● **一種是時間結束：**

當時間結束就停止遊戲，這部分的設計與打怪獸遊戲時間結束相同，就不再贅述，完整程式於程式 7-3-4。

● **一種是當存活數為 0：**

以這遊戲為例，一剛開始給 5 個存活數，如果漏接一隻怪獸就死一次，存活數減一，直到存活數為 0 時就 GAME OVER。先想一想，如何計算漏接了多少次呢？只要把全部掉下來的次數減下接到的次數（得分），就是漏接的次數了。

將程式修改如下，完整程式於程式 7-3-5。

1 增加很多變數

(補)(充)(說)(明)

> 🐛 增加很多變數，把每一隻怪獸的掉落數、得分、死亡數分開來計算，因此增加了很多變數及程式，想一想，如果不分開計算會有什麼問題嗎？

2 修改得分及死亡數程式

```
重複無限次，背景執行 ✓
執行   ⚙ 如果    死亡數 ▼  < ▼  5
       執行  紅色怪獸 ▼  在舞台畫面中  隱藏 ▼
            紅色怪獸 ▼  定位到 x   取隨機整數介於  1  到   怪獸舞台的  寬度 ▼
                        y    怪獸舞台的  高度 ▼
            等待   取隨機整數介於  1  到  3      秒
            紅色怪獸 ▼  在舞台畫面中  顯示 ▼
            重複   怪獸舞台的  高度 ▼  ÷ ▼  10    次，背景執行 ✓
            執行  紅色怪獸 ▼  的情緒為  隨機 ▼
                 紅色怪獸 ▼  往  下 ▼  移動  10  點
                 等待  0.1  秒
                 當  綠色怪獸 ▼  碰到  紅色怪獸 ▼
                 執行   播放特殊音效  清脆的咚 ▼
                      分數1 ▼  改變  1
                      紅色怪獸 ▼  在舞台畫面中  隱藏 ▼
                      綠色怪獸 ▼  的情緒為  開心 ▼
            掉落數1 ▼  改變  1
       設定  死亡數1 ▼  為   掉落數1 ▼  - ▼  分數1 ▼
```

 補 充 說 明

❀ 每一隻怪獸獨立計算得分、掉落數及死亡數。上圖為紅色怪獸的程式，還有黃色怪獸及藍色怪獸的相同程式。

3 分數呈現方式

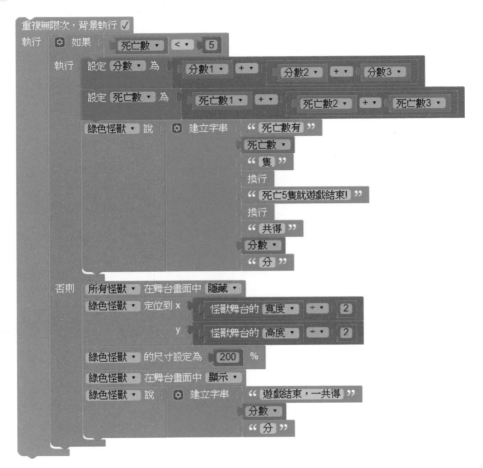

 補 充 說 明

✿ 將接到三隻怪獸的個別得分加在一起就是總分,漏接三隻怪獸的死亡數加在一起,就是總死亡數。

六 遊戲畫面

關於遊戲的製作是不是還意猶未盡的感覺呢？雖然 Web:Bit 編輯器的遊戲功能不像 Scratch 那麼強，還是可以找一些合適的題目來做看看，增加自己的遊戲設計能力。

網路應用

Web:Bit 教育版除了擁有怪獸舞台的「秘密武器」
外,還有一項能飛天、能遁地的「法寶」,那就是
開發板上 ESP32 主控制器的連網功能。Web:Bit
開發板本身就能上網,因此對於物連網的應用更能
發揮到極致的境界,本章將介紹一些網路功能的應
用。

8.1 Google 試算表

透過 Web:Bit 編輯器的「Google 試算表」積木，只需要簡單幾個步驟，就能將 Google 試算表當作資料庫，儲存傳感器所接收到的訊號數值，或透過開發板讀取試算表內的資料。

一 認識「擴充功能」

Web:Bit 教育版編輯器除了常用的基本類積木外，也設計了外加積木的功能，可針對需要去添加一些外加積木，這就是「擴充功能」，而這些外加積木會放在積木清單的「擴充功能」內，本章所介紹「網際網路」應用的積木（Google 試算表、氣象資訊、網路廣播、LINE、Google 簡報 (只有網頁版有此能))，都已加入在「擴充功能」裡。

● 點選右上角主功能選單中的「擴充」。

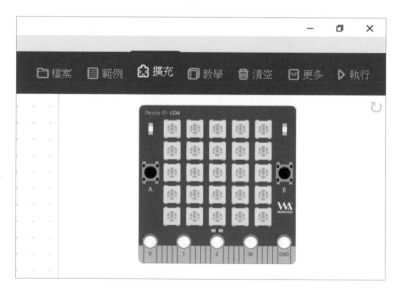

● 發現網際網路的積木都已經加入，已加入者本身圖形會淡化掉，並且在名稱下方會標示（已經加入）。

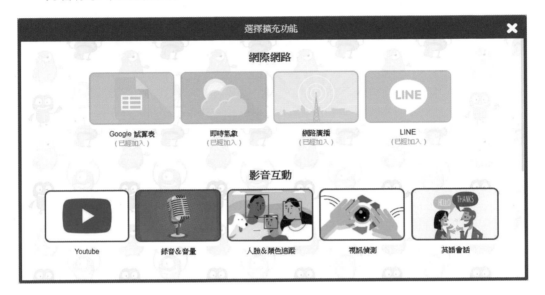

● 網頁版的「擴充」增加了「Google 簡報」的功能。

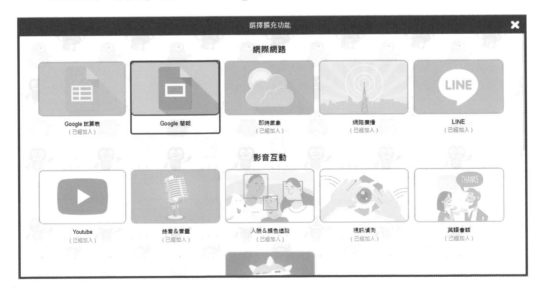

● 點選圖片來加入擴充或取消擴充，積木清單的「擴充功能」
會顯示我們所加入的擴充積木。

二 認識「Google 試算表」積木

「Google 試算表」積木在積木清單的「擴充功能」內，包含試算表初始化、讀取
資料、寫入資料、刪除列或欄、增加列或欄⋯等功能。

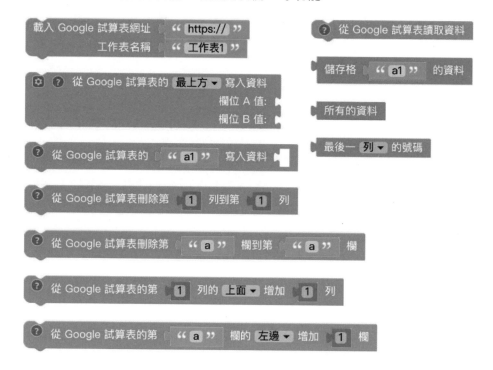

三 設定試算表權限

使用編輯器操作 Google 試算表之前，必須先建立 Google 試算表，並設定試算表
的權限。首先請用 Google 帳號登入 Google 雲端硬碟，在雲端硬碟裡新增一個試
算表檔案。

1 登入 Google 雲端硬碟，
新增 Google 試算表。

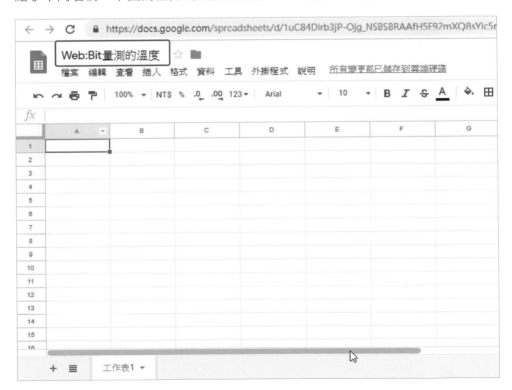

2 開啟試算表後，在左上方輸入試算表名稱，就完成建立 Google 試算表，「試
算表」表示整份試算表，每份試算表內可以包含許多「工作表」，兩者可分別
給予不同名稱。下圖的上方為試算表名稱，下方為工作表名稱。

③ 點選試算表右上角的「共用」，設定試算表的權限。

① 點選「共用」。

② 點選「進階」。

③ 目前這個檔案只有自己能存取，點選「變更」。

④ 開啟任何知道連結的使用者。

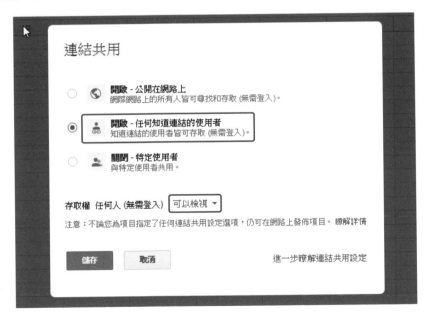

如果要寫進資料進去檔案裡，就要將「可以檢視」改成「可以編輯」，如果這檔案只是提供資料給人讀取，選「可以檢視」就可以了。

⑤ 最後,完成 Google 試算表的權限設定。

四 將 Web:Bit 量測出的溫度(含當時時間) 寫進 Google 試算表內

利用 Web:Bit 開發板量測溫度,並將溫度(含當時時間)寫進 Google 試算表內。

在積木編輯區完成如下程式(程式 8-1-1)。

- 「試算表初始化」積木可以設定試算表的網址和工作表名稱，在操作試算表的任何功能之前，都需要先使用試算表初始化的積木。

- 「寫入資料」積木能夠將資料寫入試算表，並能指定從上方第一列寫入或將資料放在最後一列。本例是將新資料寫在 Google 試算表的最上方，舊的資料會往下推。點選積木前方的藍色小齒輪，可以增加寫入資料的欄位數量，如新增欄位 C 值、欄位 D 值…等。

- 「現在的時間」積木在積木清單的「偵測」內，可取得目前的時間資料。

- 為避免資料量太大，這邊設定每 10 秒才寫入一筆資料。

到 Google 試算表，看資料有沒有寫入？從下圖可知，目前時間及目前溫度的數據已成功寫入到 Google 試算表內了。

	A	B	C
1	22:59:22	27.1	
2	22:59:10	27.04	
3	22:58:59	27.06	
4	22:58:47	27.05	
5	22:58:36	27.12	
6	22:58:24	27.24	
7	22:58:13	27.38	
8	22:58:01	27.51	
9	22:57:47	27.74	
10	22:57:36	27.97	
11	22:57:24	28.17	
12	22:57:13	28.21	
13	22:57:01	28.23	
14	22:56:49	28.36	
15	22:56:37	28.32	

- 因溫度量測及資料上傳可能要花一點小時間，因此約間隔 11、12 秒才寫入一筆資料。

五 讀取 Google 試算表內的資料

本例在 Google 試算表放了三首唐詩資料，並透過模擬器 A 鍵、B 鍵的控制來讀取這些唐詩資料。控制方式如下：

- 按 A 鍵，讀取第 1 筆資料。

- 按 B 鍵，讀取第 2 筆資料。

- 按 A+B 鍵，從第 1 筆資料開始讀取到最後 1 筆。

Google 試算表內的資料，如下：

- 由於此範例只讀取此試算表的資料，而沒有寫入，所以試算表權限用「知道連結的人均可以檢視」即可。

在積木編輯區完成如下程式，下圖只先完成按 A 鍵的部分（程式 8-1-2）。

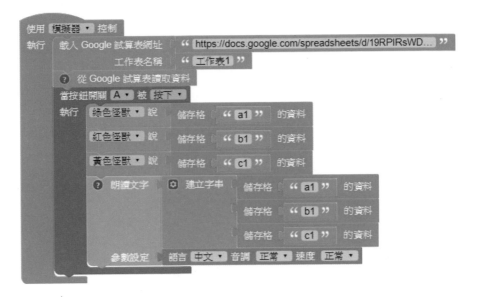

- 「讀取資料」積木可以讀取單一儲存格、整份工作表或最後一列、最後一欄的號碼。「讀取資料」積木屬於「讀取完成才會繼續執行後方程式」的類型，當編輯畫面中有這塊積木，執行時當程式遇到這塊積木會暫停，直到取得資料後才會再繼續，如右：

- 這邊採用「讀取單一儲存格」的積木，來取得單一儲存格內的資料，執行結果如下。

我們也可以採用如下「讀取所有資料」的積木。

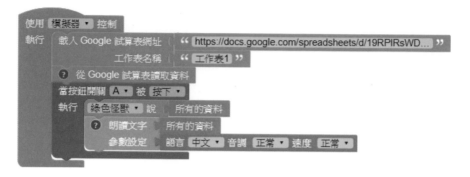

執行結果如下：

登鸛鵲樓,王之渙,白日依山盡，黃河入海流，欲窮千里目，更上一層樓。,相思,王維,紅豆生南國,春來發幾枝？願君多采擷,此物最相思。,靜夜思,李白,床前明月光,疑是地上霜。舉頭望明月,低頭思故鄉。

補 充 說 明

由上可知，讀取陣列所有資料，每個儲存格的內容會用半型逗點來隔開。

按 B 鍵讀取第 2 筆的資料，與按 A 鍵一樣，把儲存格改 a2、b2、c2 即可，不再贅述。按 A+B 鍵，從第 1 筆資料開始讀取到最後 1 筆，程式如下：

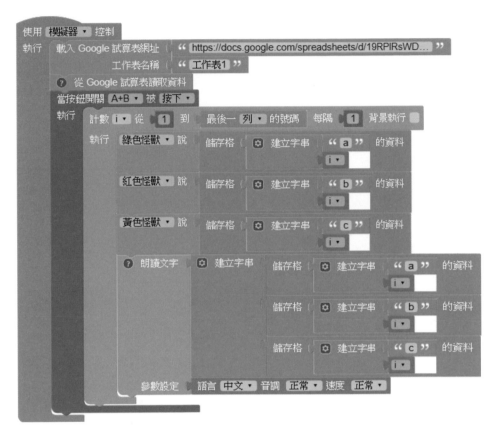

透過「取得最後一列的號碼」讓計數迴圈知道要跑幾趟。

六 利用 Google 試算表完成整首小蘋果的樂譜，並播放出來

在第三章介紹蜂鳴器時，最後有留下伏筆，說等介紹到 Google 試算表時，要利用試算表存放歌譜的資料來讓開發板演奏出音樂。先在 Google 試算表存放「小蘋果」的音階及拍子的資料，A 欄為音階、B 欄為拍子，其所代表的詳細音階及拍子數，請詳見第三章說明，資料如下：

	A	B
1	E5	2
2	C5	2
3	D5	2
4	A4	2
5	E5	4
6	D5	4
7	C5	4
8	D5	4
9	A4	1
10	E5	2
11	C5	2
12	D5	2
13	D5	2
14	G5	4
15	E5	4
16	B4	2
17	C5	2
18	C5	4
19	B4	4
20	A4	2
21	B4	4
22	C5	4
23	D5	2
24	G4	2
25	A5	4
26	G5	4
27	E5	2
28	E5	4
29	D5	4
30	C5	2
31	D5	4
32	E5	4
33	D5	4
34	E5	4
35	D5	4
36	E5	6
37	G5	6
38	G5	2
39	G5	4
40	G5	4
41	G5	4
42	G5	4
43	G5	2
44	E5	2
45	C5	2
46	D5	2
47	A4	2
48	E5	4
49	D5	4
50	C5	4
51	D5	4
52	A4	1
53	E5	2
54	C5	2
55	D5	2
56	D5	4
57	D5	4
58	G5	4
59	E5	4
60	B4	2
61	C5	2
62	C5	4
63	B4	4
64	A4	2
65	B4	4
66	C5	4
67	D5	2
68	G4	2
69	A5	4
70	G5	4
71	E5	2
72	E5	4
73	D5	4
74	C5	2
75	D5	4
76	E5	4
77	D5	2
78	G4	2
79	A4	2
80	A4	4
81	C5	4
82	A4	4
83	C5	2

在積木編輯區完成如下程式（程式 8-1-3）。

使用 模擬器 控制
執行　載入 Google 試算表網址 『 https://docs.google.com/spreadsheets/d/1iS2gTU1p... 』
　　　　　　　工作表名稱 『 工作表1 』
　　　❓ 從 Google 試算表讀取資料
　　　設定 小蘋果的譜 為 所有的資料
　　　重複 2 次，背景執行
執行　計數 i 從 1 到 陣列 小蘋果的譜 的長度 每隔 1 背景執行
　　　執行　設定 每個音階及拍子 為 自陣列 小蘋果的譜 取得 第 i 個項目
　　　　　　設定 音階 為 自陣列 每個音階及拍子 取得 第一個 項目
　　　　　　設定 拍子 為 自陣列 每個音階及拍子 取得 最後一個 項目
　　　　　　演奏 音階 音階 持續 拍子

補充說明

❀ 本例也是利用「讀取所有資料」的積木來取得所有資料，由於資料有兩欄，會以「二維陣列」的方式呈現，故而使用陣列積木進行操作，詳細內容可見第六章對陣列的介紹。

七 練習題

想一想如何在上例小蘋果中改變音樂的速度，當按 A 鍵時，演奏速度加快，按 B 鍵時，演奏速度減慢，按 A+B 鍵時，正常演奏速度。

8.2 氣象資訊

Web:Bit 氣象資訊積木能夠即時從中央氣象局取得開放資料（open data），包含即時氣象、空氣品質、天氣預報、地震資訊、水庫水情和雷達回波圖…等常用氣象資訊。

一 認識「氣象資訊」積木

這些積木要互相搭配來使用。

取得氣象資料 空氣品質 ▼

空氣品質，地點 北部 – 富貴角 ▼ 類型 空氣品質綜合指標 ▼

即時觀測，地點 北部 – 基隆 ▼ 類型 即時天氣描述 ▼

氣象預報，地點 北部 – 基隆市 ▼ 未來 6 ▼ 小時

水庫水情，地點 石門水庫 ▼ 類型 水情彙整資料 ▼

地震資訊，最近 1 ▼ 次發生的地震

雷達回波圖

二 取得各項氣象資訊

氣象資訊有一個「取得氣象資訊」積木，可以取得六種常用資訊，分別是「空氣品質」、「即時觀測」、「天氣預報」、「地震資訊」、「水庫水情」和「雷達回波圖」。

取得氣象資訊的積木屬於「取得資訊後才會繼續執行後面程式」的類型,當編輯畫面中有這塊積木,執行時當程式遇到這塊積木會暫停,直到取得氣象資訊之後才會再繼續。

這些積木的使用很淺顯易懂,每個積木內的選項有很多個,通常第一個選項為其他所有選項內容的總集合,但記得要在最上方放「取得氣象資料 XXXX」的積木,如下:

1 空氣品質

「空氣品質」積木能夠顯示空氣品質的相關資訊,包含 AQI、PM2.5、PM10…等相關數值以及綜合指標的文字描述,偵測的地點為中央氣象局在台灣的觀測站台,可選擇離住家最近的地點作為觀測依據。

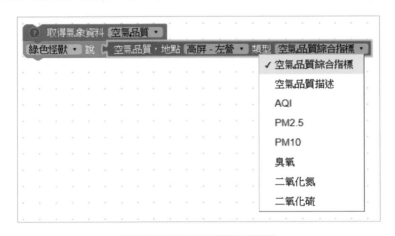

左營的空氣品質良好 (AQI:25,PM2.5:11,PM10:28,臭氧:58,一氧化碳:0.31,二氧化氮:8.5,二氧化硫:5.4)

2 即時觀測

「即時觀測」積木能夠顯示目前天氣的相關資訊，包含溫度、濕度、風力、累積雨量…等相關數值，偵測的地點為中央氣象局在台灣的觀測站台，可選擇離住家最近的地點作為觀測依據。

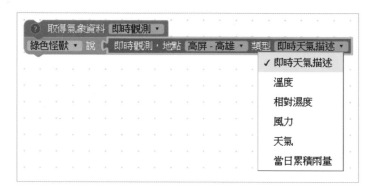

高雄現在的溫度 32.9 度，當日累積雨量 0.0 mm，相對濕度 65%，風力 2 級，天氣概況：天氣陰

3 氣象預報

「氣象預報」積木能夠顯示未來六小時、十八小時和三十六小時的氣象預報，預報地點為台灣的主要縣市，可選住家所在縣市作為觀測依據。

高雄市未來 6 小時預報：氣溫 30~33℃，降雨機率 50%，多雲午後短暫雷陣雨

4 水庫水情

「水庫水情」積木能夠取得全台灣所有水庫的水情資訊，包含蓄水百分比、有效蓄水量和降雨量…等。

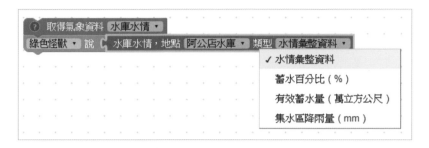

阿公店水庫蓄水百分比：0.09%，有效蓄水量：1.407萬立方公尺，本日降雨：0

5 地震資訊

「地震資訊」積木能夠取得最近 1~3 次的地震資訊。

時間 07/27 20:23，規模 3.7，深度 17.0 公里，發生在花蓮縣政府北方 22.7 公里（位於花蓮縣秀林鄉）

6 雷達回波

「雷達回波」積木能夠取得一張雷達回波圖。

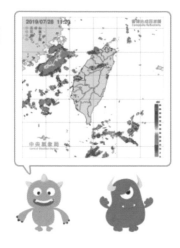

三 製作空氣品質顯示燈

利用 Web:bit 開發板的屏幕當作空氣品質顯示燈（類似空污旗），會顯示 AQI 值所相對應的顏色。此顯示燈的功能有，一開始屏幕會顯示 AQI 相對應的顏色，按 A 鍵會顯示目前的 AQI 值，按 B 鍵會顯示對健康影響。

1 空氣品質指標（AQI）與健康影響的關係

空氣品質指標 (AQI)	0～50	51～100	101～150	151～200	201～300	301～500
對健康影響與活動建議	良好 Good	普通 Moderate	對敏感族群不健康 Unhealthy for Sensitive Groups	對所有族群不健康 Unhealthy	非常不健康 Very Unhealthy	危害 Hazardous
狀態色塊	綠	黃	橘	紅	紫	褐紅
人體健康影響	空氣品質為良好，污染程度低或無污染。	空氣品質普通；但對非常少數之極敏感族群產生輕微影響。	空氣污染物可能會對敏感族群的健康造成影響，但是對一般大眾的影響不明顯。	對所有人的健康開始產生影響，對於敏感族群可能產生較嚴重的健康影響。	健康警報：所有人都可能產生較嚴重的健康影響。	健康威脅達到緊急，所有人都可能受到影響。

（上圖取自環保署網站）

2 在積木編輯區完成如下程式（程式 8-2-1）

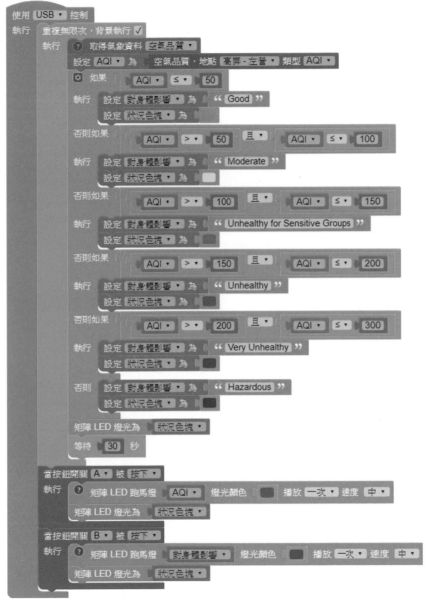

補 充 說 明

😊 重複執行迴圈必須在背景執行，A 鍵、B 鍵才能按得下去。

8.3 網路廣播

Web:Bit 的網路廣播功能，不僅能讓 Web:Bit 與 Web:Bit 開發板彼此資訊互動，更可以實現一對多、多對一、虛實互動、遠距廣播…等多樣化的操控情境

一 認識「網路網播」積木

廣播積木包含一塊負責發送廣播訊號的積木、一塊負責接收廣播訊號的積木和一塊呈現廣播訊號的積木。

補充說明

- Web:Bit 的網路廣播就是 MQTT 的應用。

- MQTT 主要是採用「發佈」與「訂閱」的機制，由發佈者先在伺服器上建立一個「Topic 主題」，接著，只要訂閱者「訂閱」此主題，就可以在發佈者發佈訊息時，收到此主題的訊息！

- Web:bit 的「頻道」即是「Topic 主題」，大家必須建立與訂閱相同的「Topic 主題」（頻道），裝置間才能互相溝通。

- Web:Bit 預設的 MQTT 伺服器網址：wss://mqtt1.webduino.io/mqtt。

二 一對一廣播

利用二片 Web:Bit 開發板做測試，一塊當「發送端」，一塊當「接收端」。

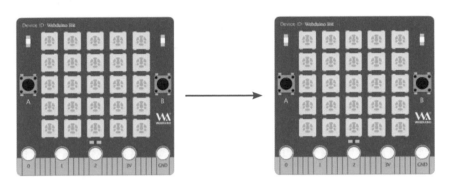

兩塊位於遠方的開發板都可以互相廣播，這邊僅利用一台電腦來測試，一塊板子用 USB 連線，另一塊板子採用 WiFi 連線，也可以兩塊板子都採用 WiFi 連線，這樣才能同時執行兩塊板子的程式。

第一塊板子當「發送端」，採用 WiFi 連線，頻道名稱訂為 wenyu，頻道名稱可自訂，但要大家一致才可互傳訊息。發送端的功能如下。

● 按 A 鍵向 wenyu 頻道傳送一個訊息 a。

● 按 B 鍵向 wenyu 頻道傳送一個訊息 b。

● 按 A+B 鍵向 wenyu 頻道傳送一個訊息 c。

在「網頁版」積木編輯區完成如下程式（程式 8-3-1）。

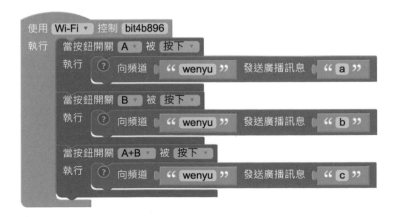

> ❀ 發送廣播訊息不限制只有實體裝置能發送，不論是實體裝置、虛擬裝置、沒有開發板的程式…等，都能夠向指定頻道發送訊息。
>
> ❀ 「發送廣播訊息」積木屬於「發送完成才會繼續執行後方程式」的類型。

第二片板子當「接收端」，採用 USB 連線（也可採用 WiFi 連線），接收端的功能如下。

- 當接收到廣播訊息為 a 時，板子屏幕呈紅光。

- 當接收到廣播訊息為 b 時，板子屏幕呈藍光。

- 當接收到廣播訊息為 c 時，板子屏幕關閉。

在「安裝版」積木編輯區完成如下程式（程式 8-3-2）。

> ❀ 接收廣播訊息不限制只有實體裝置能接收，不論是實體裝置、虛擬裝置、沒有開發板的程式…等，都能夠接收指定頻道的訊息。
>
> ❀ 「接收廣播訊息」積木屬於「不間斷收聽頻道」的類型，不需要放在重複迴圈內，就會自行不斷收聽頻道訊息。

也可以把上面兩個程式寫在一起，在「安裝版」積木編輯區完成如下程式（程式 8-3-3）。

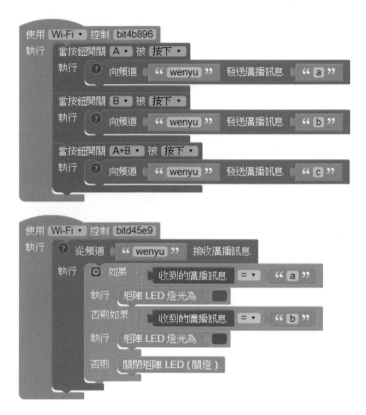

也可在「安裝版」或「網頁版」積木編輯區完成如下程式（程式 8-3-4）。

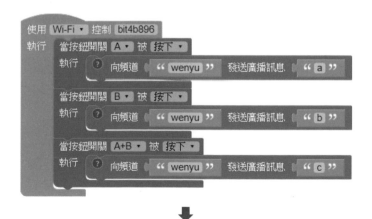

三 一對多廣播

所謂一對多廣播,就是一個「發送端」及多個「接收端」,整個程式寫作原理同「一對一廣播」方式,只是這時多了幾個「接收端」。

四 多對一廣播

所謂多對一廣播,就是多個「發送端」及一個「接收端」,整個程式寫作原理同「一對一廣播」方式,只是這時多了幾個「發送端」。

8.4 LINE 的應用

Web:Bit 編輯器預設 LINE 即時通訊相關功能，除了支援 LINE Notify 的推播，更可以接收 LINE 的聊天訊息，透過聊天的方式操控 Web:Bit 開發板或和小怪獸進行互動。

一 認識 LINE 的積木

LINE 聊天操控的積木包含發送推播專用的 LINE Notify 積木、聊天專用 LINE Chat 積木，以及接收訊息、回傳訊息、表情符號三種積木。

二 LINE Chat 聊天操控

「LINE Chat」積木能讓我們透過「聊天」的方式，接收從 LINE 發送過來的訊息，透過訊息和 Web:Bit 開發板互動。不過，LINE Chat 積木是屬於「一來一往」的積木，接收一則訊息才能回應一則訊息，無法像 LINE Notify 積木可以主動發送訊息。

1 加入 Webduino Bot 好友並取得頻道名稱

要使用 LINE Chat 功能，必須先加入 Webduino Bot 為 LINE 的好友，使用 LINE 掃描下方 QRCode 加入好友。

1 先在積木上按右鍵，點選「教學」，找到條碼。

2 利用 LINE 的掃描程式，掃描下面條碼，並加入好友。

③ 輸入「id」取得頻道名稱。

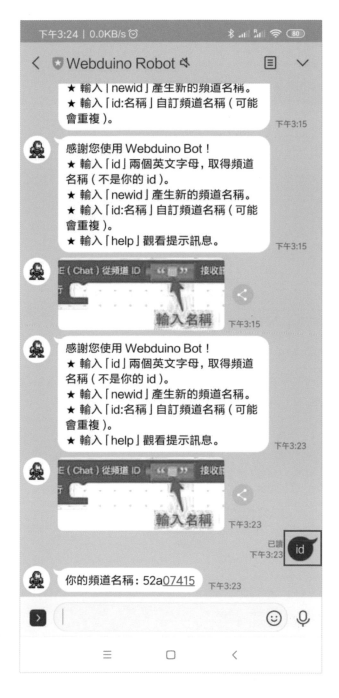

② 在 LINE 輸入什麼就顯示什麼

在積木編輯區完成如下程式（程式 8-4-1）。

要用自己取得的頻道名稱。

呈現結果：

目前只支援「純文字」的訊息。

③ 利用 LINE 進行遠端控制

作品說明：在 LINE 輸入 1、2、3，Web:bit 開發板屏幕會出現【剪刀】、【石頭】、
【布】圖案，並在 LINE 回傳【剪刀】、【石頭】、【布】。

在積木編輯區完成如下程式（程式 8-4-2）。

（補）（充）（說）（明）

🎨 在此可知，可以利用 LINE 做 Web:Bit 的遠端控制。

呈現結果：

4 與 LINE 玩「剪刀（1）」、「石頭（2）」、「布（3）」遊戲

作品說明：利用 LINE 輸入 1（剪刀）、2（石頭）、3（布）與機器人玩剪刀石頭布的遊戲。

在積木編輯區完成如下程式（程式 8-4-3）。

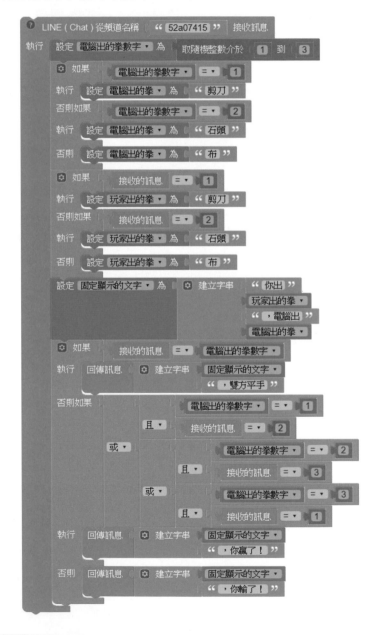

呈現結果：

三 LINE Notify

LINE Notify 是 LINE 所提供的推播服務，每個人的 LINE 帳號都可以使用。

1 申請 LINE Notify 權杖

① 打開 LINE Notify 的網站（https://notify-bot.line.me/zh_TW/），使用自己的 LINE 帳號登入。

② 登入後點選上方個人帳號，選擇「個人頁面」。

③ 發行存取權杖。

④ 輸入權杖名稱（傳送通知訊息時所顯示的名稱），以及選擇只要自己接收，或是讓群組接收通知。

⑤ 點選「發行」，會出現一段權杖代碼，這段代碼「只會出現一次」，複製這段代碼，先找個地方貼上並儲存這段代碼，就可以點選下方按鈕「關閉」。

⑥ 關閉後就會發現連動的服務裡，出現剛剛建立的服務，完成 LINE Notify 的設定。

2 傳送訊息到 LINE Notify

在積木編輯區完成如下程式（程式 8-4-4），進行測試。

🐛 Token 要用自己申請的權杖代碼。

3 心情傳送器

作品說明：

● 在 Web:Bit 開發板按下 A 鍵時，會傳送到 LINE「我心情很好！」，並在 Web:Bit 屏幕顯示笑臉圖案。

● 在 Web:Bit 開發板按下 B 鍵時，會傳送到 LINE「我心情很不好！」，並在 Web:Bit 屏幕顯示哭臉圖案。

在積木編輯區完成如下程式（程式 8-4-5）。

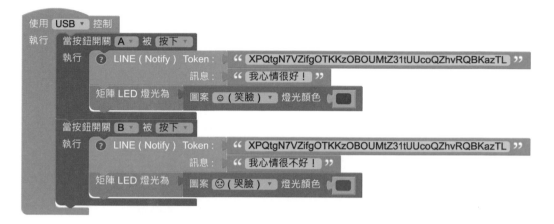

呈現結果：

4 傳送「表情符號」

作品說明： 於上例中，利用「表情符號」取代文字的使用。

1 加入「表情符號」積木，並於積木上按右鍵，點選「教學」。

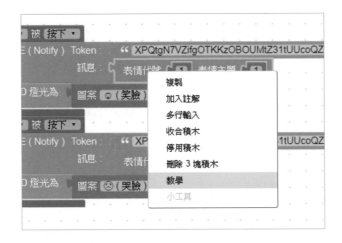

2 找到各表情的代號表，填上欲使用的表情代號及表情主題。

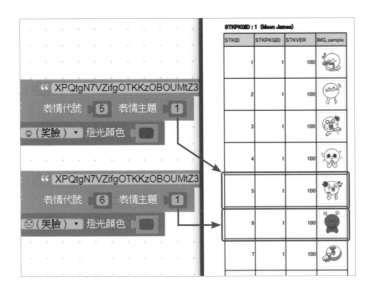

> 😊 完整程式於（程式 8-4-6）。

呈現結果：

5 應用

利用 LINE Notify 可做很多應用，如下：

- ● **溫控系統**：當溫度發生變化太大導致溫度太高或太低時，就會傳 LINE 告知。

- ● **光照系統**：當亮度發生變化太大導致太亮或太暗時，就會傳 LINE 告知。

- ● **保全系統**：當有人進入屋內，啟動保全機制，就會傳 LINE 告知。

- ● **火警系統**：當火焰感應器偵測到火焰時，就會傳 LINE 告知。

8.5 Google 簡報

Google 簡報是 Google 提供的免費服務，學生們可以透過 Google 簡報來學習演講報告、整合學習內容、美術設計、團隊協作等等。而 Web:Bit 簡報積木更能夠搭配程式積木，使用聲控、光感、按鈕等物聯網功能控制簡報，在學習物聯網同時利用 Google 簡報展現成果。

一 設定 Google 簡報權限

使用編輯器操作 Google 簡報之前，必須先建立及完成 Google 簡報，並設定簡報的權限。這部份與前面設定 Google 試算表的權限相同，但不用寫入資料，所以設定「任何知道這個連結的網際網路使用者都能查看（檢視者）」就可以了，順便點擊「複製連結」將簡報的網址複製下來。

二 認識「Google 簡報」的積木

Google 簡報一共只有 6 個積木。第一個積木就是把我們剛剛複製的簡報網址貼在此即可，其他積木的使用從積木名稱就可以知道其用途。

三　利用按鍵或怪獸控制簡報

1　利用按鍵或怪獸來控制 Google 簡報的功能說明

1 按 Web:Bit：

　　○ A 鍵為「回到上一頁」

　　○ B 鍵為「進入下一頁」

　　○ A+B 鍵為「回到第一頁」

2 按怪獸：

　　○ 綠色怪獸為「回到第一頁」

　　○ 紅色怪獸為「回到上一頁」

　　○ 黃色怪獸為「進入下一頁」

　　○ 藍色怪獸為「進入最後頁」

　　○ 並且藍色怪獸會顯示「目前所在頁數 / 總頁數」

2 程式如下（程式 8-5-1）

使用 [USB ▾] 控制
執行　[所有怪獸 ▾] 回到原始狀態
　　　[所有怪獸 ▾] 的尺寸設定為 [50] %
　　　[綠色怪獸 ▾] 說 " 第一頁 "
　　　[紅色怪獸 ▾] 說 " 上一頁 "
　　　[黃色怪獸 ▾] 說 " 下一頁 "
　　　[藍色怪獸 ▾] 說 " 最後頁 "
　　　等待 [1] 秒
　　　顯示 Google 簡報 " https://docs.google.com/presentation/d/1UnocFu6M... "
　　　[所有怪獸 ▾] 不說話
　　　目前頁數

當按鈕開關 [A ▾] 被 [按下 ▾]
執行　Google 簡報，回到上一頁
　　　目前頁數

當按鈕開關 [B ▾] 被 [按下 ▾]
執行　Google 簡報，進入下一頁
　　　目前頁數

當按鈕開關 [A+B ▾] 被 [按下 ▾]
執行　Google 簡報，前往第 [1] 頁
　　　目前頁數

當滑鼠點擊 [綠色怪獸 ▾]
執行　Google 簡報，前往第 [1] 頁
　　　目前頁數

當滑鼠點擊 [紅色怪獸 ▾]
執行　Google 簡報，回到上一頁
　　　目前頁數

當滑鼠點擊 [黃色怪獸 ▾]
執行　Google 簡報，進入下一頁
　　　目前頁數

當滑鼠點擊 [藍色怪獸 ▾]
執行　Google 簡報，前往第 [Google 簡報，全部頁數] 頁
　　　目前頁數

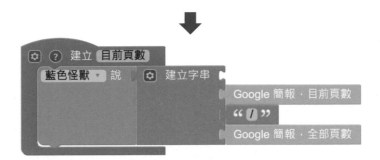

3 操作說明

① 可先利用「模擬器」測試，所以沒有 Web:Bit 開發板也可以玩「Google 簡報」。

② 切換到全螢幕，利用 Web:Bit 開發板或小怪獸來控制。

四 利用萬用遙控器控制簡報

1 認識「萬用遙控器」

「萬用遙控器」是 8.3 網路廣播的應用，可利用其擔任網路廣播的「發送端」（也可當「接收端」），「萬用遙控器」是一個網頁平台，網址為 https://webduinoio.github.io/webduino-remote/，也可以從「網頁版」的「更多」找到「萬用遙控」。

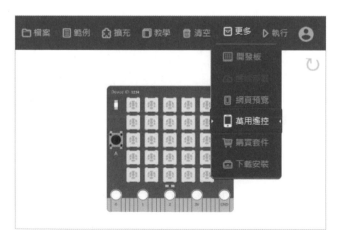

2 「萬用遙控器」的使用

1 「萬用遙控器」的界面介紹

● 登月小車界面：

● 十顆按鈕界面：

◌ 點擊左上角的圖示，可進行兩個界面的切換。

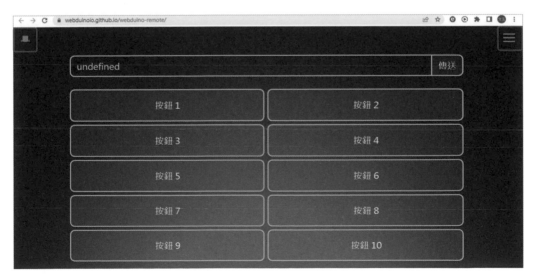

2 設定廣播頻道及廣播訊息：

點擊上面界面的右上角三條線，可進廣播頻道及廣播訊息的設定，如下圖。

廣播頻道			
發送		test1	
接收		test2	

怪獸廣播訊息	
小車中間	reset
小車往上	up
小車往下	down
小車往左	left
小車往右	right
綠色怪獸	g
紅色怪獸	r

設定發送及接收的頻道為獨一無二的名稱，如自己的英文名字（wenyu），其他廣播訊息用預設的即可，如綠、紅、黃、藍四隻小怪獸的廣播訊息分別為 g、r、y、b，並記得移到最下方點擊「儲存分享連結」把設定好的「萬用遙控器」網址複製下來，下次還可以使用。

按鈕 1	1
按鈕 2	2
按鈕 3	3
按鈕 4	4
按鈕 5	5
按鈕 6	6
按鈕 7	7
按鈕 8	8
按鈕 9	9
按鈕 10	10

儲存分享連結

③ 簡單測試：

回到登月小車界面，由於我們發送頻道及接收頻道設一樣，當任意移動小車到四個方向或點擊四隻怪獸，上方會接收到自己傳送出來的訊息名稱。

④ 利用「萬用遙控器」的下方四隻怪獸來控制簡報。

● 各小怪獸的功能：

　○ 綠色怪獸為「回到第一頁」

　○ 紅色怪獸為「回到上一頁」

　○ 黃色怪獸為「進入下一頁」

　○ 藍色怪獸為「進入最後頁」

● 程式如下（程式 8-5-2）：

設定怪獸舞台為全螢幕

所有怪獸 ▼ 回到原始狀態

所有怪獸 ▼ 的尺寸設定為 50 %

綠色怪獸 ▼ 說 " 第一頁 "

紅色怪獸 ▼ 說 " 上一頁 "

黃色怪獸 ▼ 說 " 下一頁 "

藍色怪獸 ▼ 說 " 最後頁 "

等待 1 秒

顯示 Google 簡報 " https://docs.google.com/presentation/d/1UnocFu6M... "

所有怪獸 ▼ 不說話

所有怪獸 ▼ 在舞台畫面中 隱藏 ▼

藍色怪獸 ▼ 在舞台畫面中 顯示 ▼

目前頁數

（?） 從頻道 " wenyu " 接收廣播訊息

執行　　⚙ 如果　收到的廣播訊息 = ▼ " g "

　　　執行　Google 簡報，前往第 1 頁

　　　　　目前頁數

　　　否則如果　收到的廣播訊息 = ▼ " r "

　　　執行　Google 簡報，回到上一頁

　　　　　目前頁數

　　　否則如果　收到的廣播訊息 = ▼ " y "

　　　執行　Google 簡報，進入下一頁

　　　　　目前頁數

　　　否則如果　收到的廣播訊息 = ▼ " b "

　　　執行　Google 簡報，前往第　Google 簡報，全部頁數　頁

　　　　　目前頁數

⚙ （?） 建立 目前頁數

　藍色怪獸 ▼ 說 ⚙ 建立字串

　　　　　　　　　　Google 簡報，目前頁數

　　　　　　　　　　" / "

　　　　　　　　　　Google 簡報，全部頁數

● 發現：

○ 在怪獸舞台上可直接點擊「滑鼠」左鍵，也可以控制 Google 簡報到下一步，而且連「換頁特效」、「簡報動畫」都可以呈現。而且點擊「滑鼠」左鍵一次後，連方向鍵及空白鍵都可以控制怪獸舞台上的簡報上一頁或下一頁。

○ 但透過程式設計執行後所操控的介面，如 Web:Bit 開發板（或模擬器）、小怪獸或「萬用遙控器」，都只能直接進到每一頁的最初狀態，無法呈現「換頁特效」、「簡報動畫」等功能。

Web:Bit I/O 引腳

到目前為止，之前的課程都只有用到 Web:Bit 內建的軟硬體功能，其實功能強大的 Web:Bit 還可以藉由開發板下緣一排 25 個金屬接觸點，透過引腳的搭配，靈活的操作各種外接元件或感測器。

9.1 認識 I/O 引腳與擴充板

一 認識 I/O 引腳

在 Web:Bit 開發板下緣有一排 25 個金屬接觸點，這些金屬接觸點稱為「引腳」，或通俗一點也可稱呼為「金手指」。引腳包含了 5 個標註 0、1、2、3V 和 GND 的大引腳，以及其他 20 個未標示號碼的小引腳，除了可以使用鱷魚夾操作大引腳，也可以使用擴充板搭配杜邦線操作小引腳。

二 認識「I/O 引腳」積木

I/O 引腳積木包含數位和類比輸入、數位和類比（PWM）輸出共四種積木。

> 補 充 說 明
>
> ⚙ 脈波寬度調變（Pulse Width Modulation，縮寫 PWM），PWM 腳位就是將數位腳位模擬成類比輸出腳位。

三 認識數位訊號及類比訊號

● **何謂數位訊號？**簡單來說，數位訊號只有兩種狀態。高電位跟低電位或者說 1（ON）跟 0（OFF）。舉凡像是電腦、手機等電子產品都是傳送數位訊號，其訊號只有 0 或 1 而已。

● **何謂類比訊號？**簡單的說，除了數位訊號以外的訊號都叫作類比訊號像是溫度的高低變化，聲音的大小變化等連續訊號都是類比訊號，類比訊號為連續訊號，不像數位訊號只有 0、1 兩種狀態，而是在 0、1 間還有其他的值，像 0.1、0.3888…等

四 認識擴充板

擴充板（又稱擴展板）顧名思義就是用來與 Web:Bit 開發板結合，進而擴充開發板的功能或控制更多硬體，以下為 Web:Bit 最基本的擴充板。

由於其腳位相容於 micro:bit，所以 micro:bit 的擴充板也可在 Web:Bit 下使用，以下為 Web:Bit 及 micro:bit 均可使用的小車套件。

9.2 讀取數據

一 讀取數位輸入

使用「數位輸入」積木可用來讀取數位輸入裝置所輸入的訊號值，讀取的數值只有 1 和 0 兩種訊號。「按鍵」是最常用的數位輸入裝置，以下要利用數位輸入積木讀取按鍵未按下及按下時的訊號值。

1 讀取外接按鍵的數位輸入值

按鍵模組與開發板接線圖如下：

① 透過兩端有鱷魚夾的線來連接按鍵模組。

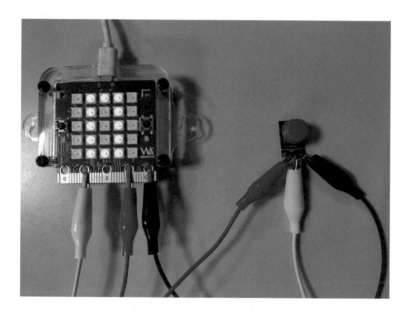

    補 充 說 明

> ❀ 按鍵模組有三隻接腳 GND、VCC、OUT，分別接到開發板上的 GND、3V 及 P1 腳位。

2 利用擴充板透過杜邦線來連接按鍵模組。

❀ 按鍵模組有三隻接腳 GND、VCC、OUT，分別接到擴充板上的 GND、3V3 及 P1 腳位。

在積木編輯區完成如下程式（程式 9-2-1）。

❀ 透過一個重複迴圈的積木，不斷讀取腳位 1 的「數位」訊號值。
❀ 測試結果，按鍵未按下時，屏幕顯示 0，按鍵按下後，屏幕顯示 1。

由以上的測試結果，就能利用外接的「按鍵」，做出很多像開發板 A、B 鍵一樣的控制了。

② 利用外接按鍵控制屏幕亮燈

作品說明：按下外接按鍵時，屏幕會亮紅燈，且播放一聲音，放開按鍵後，屏幕會關燈。

在積木編輯區完成如下程式（程式 9-2-2）。

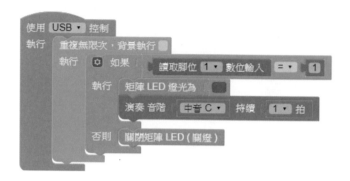

> 🔹 利用按鍵腳位的數位輸入值來判斷是否按下按鍵，按下的值為 1，未按下的值為 0。

二 讀取類比輸入

使用「類比輸入」積木可用來讀取類比輸入裝置所輸入的訊號值，讀取的數值為 0 ～ 1 之間的浮點數。可變電阻器（電位計）、光敏電阻、聲音感測器（麥克風）都是常見的類比輸入裝置，Web:Bit 只有 1 號和 2 號引腳支援類比輸入。

① 讀取可變電阻器的類比輸入值

作品說明：轉動可變電阻器，並於屏幕上顯示其類比輸入值。

可變電阻器與開發板的接線圖如下：（直接採用擴充板來連接）。

❀ 可變電阻器有三隻接腳 GND、VCC、S，分別接到擴充板上的 GND、3V3 及 P1 腳位。

在積木編輯區完成如下程式（程式 9-2-3）。

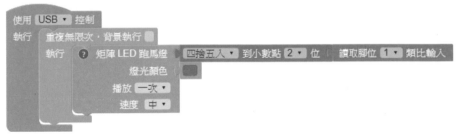

❀ 透過一個重複迴圈的積木，不斷讀取腳位 1 的「類比」訊號值。

❀ 測試結果，轉動可變電阻器。其值介於 0 與 1 之間，為減少顯示小數點後面的 值，上面程式只取到小數後第二位。

2 利用可變電阻器做多段控制

作品說明：轉動可變電阻器在屏幕上會顯示多段數字，也就是可以做多段控制。

在積木編輯區完成如下程式（程式 9-2-4）。

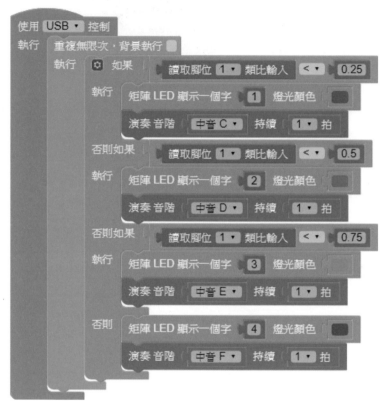

 補 充 說 明

🦤 轉動可變電阻器時，隨著順時針旋轉，其類比值越來越大，屏幕會呈現 1、2、3、4 及發出 Do、Re、Mi、Fa 的聲音，因此不像數位訊號只能做 0、1 的兩段控制，而可做出多段的控制。

9.3 輸出數值

輸出的積木分成兩種，一種是數位輸出，僅能輸出 0 和 1 兩種數值，一種是類比輸出（PWM），可以輸出 0 ～ 1 之間的浮點數。

㊀ 數位輸出

使用「數位輸出」積木可用來控制數位輸出裝置的 ON 或 OFF，數位輸出僅能輸出 0（低電位）和 1（高電位）兩種數值，作用就像電燈開關一樣，以下要利用數位輸出積木來控制外接 LED 燈的亮或滅。

① 控制外接的 LED 一亮一滅

LED 燈與開發板的接線圖如下：

① 透過兩端有鱷魚夾的線來連接 LED 燈。

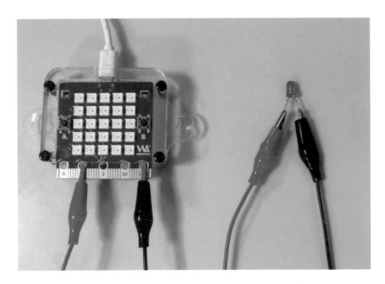

 補 充 說 明

LED 燈的長腳接開發板的 P1 腳位，LED 燈的短腳接開發板的 GND 腳位。

② 直接將 LED 燈插在擴充板上。

  補 充 說 明

🌑 LED 燈的長腳接擴充板的 P1 腳位，LED 燈的短腳接擴充板的 GND 腳位。

在積木編輯區完成如下程式（程式 9-3-1）。

  補 充 說 明

🌑 輸出 1 就相當於提供電（高電位），所以 LED 燈會亮。

🌑 輸出 0 就相當於不提供電（低電位），所以電 LED 燈不會亮。

🌑 執行結果，外接的 LED 燈會一亮一滅。

二 類比輸出（PWM）

「類比輸出（PWM）」不像「數位輸出」僅能輸出 0 和 1，而是可以輸出 0～1 之間的浮點數，也就是「數位輸出」只能控制 LED 燈全亮或全滅，但「類比輸出」就可以讓 LED 燈做漸亮或漸暗的控制。

1 利用可變電阻器控制 LED 燈的亮度

可變電阻器、LED 燈與擴充板接線圖如下：

補 充 說 明

- 將 LED 長腳接擴充板的 P1 腳位，短腳接在 GND。
- 可變電阻器的訊號線（S）接 P2 腳位。

在積木編輯區完成如下程式（程式 9-3-2）。

補 充 說 明

- 轉動可變電阻器時，隨著順時針旋轉，其類比值越來越大，LED 燈的亮度也越來越亮。

2 製作「呼吸燈」

轉動可變電阻器，由小到大，再由大到小，LED 燈也會由暗漸亮，再由亮漸暗，這就是「呼吸燈」的效果。在積木編輯區完成如下程式（程式 9-3-3），自動產生有「呼吸燈」的效果，而不用再手動產生了。

使用 USB ▼ 控制
執行　重複無限次，背景執行
　　　執行　計數 i ▼ 從 0 到 1 每隔 0.1 背景執行
　　　　　　執行　類比輸出（PWM）至腳位 1 ▼ 數值 i ▼
　　　　　　　　　等待 0.1 秒
　　　　　　計數 i ▼ 從 1 到 0 每隔 0.1 背景執行
　　　　　　執行　類比輸出（PWM）至腳位 1 ▼ 數值 i ▼
　　　　　　　　　等待 0.1 秒

   補 充 說 明

🌑 LED 燈會由暗漸亮，再由亮漸暗，這就是「呼吸燈」的效果。

有關 Web:Bit I/O 引腳的應用，除了本章介紹的數位、類比的輸入、輸出腳位外，還可以外接很多元件及感測器，官方除了提供套件包的販賣外，也針對各元件或感測器，提供相關的程式積木供使用。總之，Web:Bit 已經是功能強大且成熟穩定的軟硬體組合，值得大家來使用。

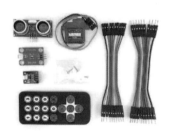

Web:Bit 基礎套件包
NT$580

Web:Bit 擴充套件包
NT$1,650

Web:Bit MoonCar（空車）
NT$1,250

實戰 Web:Bit V2｜創客體驗 x 運算思維 x 物聯網實作

作　　者：黃文玉
企劃編輯：江佳慧
文字編輯：詹祐甯
設計裝幀：張寶莉
發 行 人：廖文良

發 行 所：碁峰資訊股份有限公司
地　　址：台北市南港區三重路 66 號 7 樓之 6
電　　話：(02)2788-2408
傳　　真：(02)8192-4433
網　　站：www.gotop.com.tw
書　　號：ACH024500
版　　次：2023 年 07 月初版
建議售價：NT$440

國家圖書館出版品預行編目資料

實戰 Web:Bit V2：創客體驗 x 運算思維 x 物聯網實作 / 黃文玉
　著. -- 初版. -- 臺北市：碁峰資訊, 2023.07
　　面；　公分
　　ISBN 978-626-324-556-3(平裝)
　　1.CST：電路　2.CST：電腦程式　3.CST：電腦輔助設計
471.54　　　　　　　　　　　　　　　　　112011121

讀者服務

● 感謝您購買碁峰圖書，如果您
  對本書的內容或表達上有不清
  楚的地方或其他建議，請至碁
  峰網站：「聯絡我們」\「圖書問
  題」留下您所購買之書籍及問
  題。(請註明購買書籍之書號及
  書名，以及問題頁數，以便能
  儘快為您處理)
  http://www.gotop.com.tw

● 售後服務僅限書籍本身內容，
  若是軟、硬體問題，請您直接
  與軟體廠商聯絡。

● 若於購買書籍後發現有破損、
  缺頁、裝訂錯誤之問題，請直
  接將書寄回更換，並註明您的
  姓名、連絡電話及地址，將有
  專人與您連絡補寄商品。